大数据人才培养规划教材

U0377779

Excel
数据获取与处理

Data Acquiring and Processing with Excel

杨怡滨 张良均 ◉ 主编

葛琳珺 史小英 张剑 ◉ 副主编

人民邮电出版社

北 京

图书在版编目（CIP）数据

Excel数据获取与处理 / 杨怡滨，张良均主编. --
北京 ：人民邮电出版社，2019.8（2024.3重印）
大数据人才培养规划教材
ISBN 978-7-115-51159-1

Ⅰ．①E… Ⅱ．①杨… ②张… Ⅲ．①表处理软件—教
材 Ⅳ．①TP391.13

中国版本图书馆CIP数据核字(2019)第074230号

内 容 提 要

本书以项目为导向，由浅入深地介绍 Excel 2016 在数据获取与处理中的应用。全书共 14 个项目，项目 1 简单介绍 Excel 2016 的界面，以及工作簿、工作表、单元格的概念；项目 2 介绍各种类型数据的输入；项目 3 介绍如何美化工作表；项目 4 介绍如何使用 Excel 获取文本数据；项目 5 介绍如何使用 Excel 获取网站数据；项目 6 介绍如何使用 Excel 获取 MySQL 数据库中的数据；项目 7 介绍如何对数据进行排序；项目 8 介绍如何筛选数据中的关键信息；项目 9 介绍如何对数据进行分类汇总；项目 10 介绍如何制作透视表；项目 11～项目 13 分别介绍日期和时间函数、数学函数、统计函数的应用；项目 14 介绍宏的应用。每一个项目都包含了技能拓展，以补充 Excel 在数据获取与处理方面的应用。此外，项目 2～项目 14 包含了技能训练，可以帮助读者巩固所学的内容。

本书可作为高校数据分析类课程的教材，也可作为数据分析爱好者的自学用书。

◆ 主　　编　杨怡滨　张良均
　　副 主 编　葛琳珺　史小英　张　剑
　　责任编辑　左仲海
　　责任印制　马振武
◆ 人民邮电出版社出版发行　　北京市丰台区成寿寺路 11 号
　邮编　100164　电子邮件　315@ptpress.com.cn
　网址　http://www.ptpress.com.cn
　固安县铭成印刷有限公司印刷
◆ 开本：787×1092　1/16
　印张：12　　　　　　　　　2019 年 8 月第 1 版
　字数：288 千字　　　　　　2024 年 3 月河北第 7 次印刷

定价：39.80 元

读者服务热线：(010)81055256　印装质量热线：(010)81055316
反盗版热线：(010)81055315
广告经营许可证：京东市监广登字20170147号

大数据专业系列图书
编写委员会

序 FOREWORD

随着大数据时代的到来，移动互联网和智能手机迅速普及，多种形态的移动互联应用蓬勃发展，电子商务、云计算、互联网金融、物联网等不断渗透并重塑传统产业，大数据当之无愧地成了新的产业革命核心。

未来5~10年，我国大数据产业将会进入一个飞速发展时期，社会对大数据相关专业人才有着巨大的需求。目前，国内各大高校都在争相设立或准备设立大数据相关专业，以适应地方产业发展对战略性新兴产业的人才需求。

人才培养离不开教材，大数据专业是2016年才获批的新专业，目前还没有成套的系列教材，已有教材也存在企业案例缺失等亟须解决的问题。由广州泰迪智能科技有限公司和人民邮电出版社策划、校企联合编写的这套图书，犹如大旱中的甘露，可以有效解决高校大数据相关专业教材紧缺的困难。

实践教学是在一定的理论指导下，通过引导学习者的实践活动，传承实践知识、形成技能、发展实践能力、提高综合素质的教学活动。目前，高校教学体系的设置有诸多限制因素，过多地偏向理论教学，课程设置与企业实际应用契合度不高，学生无法把理论转化为实践应用技能。课程内容设置方面看似繁多又各自为"政"，课程冗余、缺漏，体系不健全。本套图书的第一大特点就是注重学生实践能力的培养，根据高校实践教学中的痛点，首次提出"鱼骨教学法"的概念。以企业真实需求为导向，学生所学技能紧紧围绕企业实际应用需求，将学生需掌握的理论知识通过企业案例的形式进行衔接，达到知行合一、以用促学的目的。

大数据专业应该以大数据技术应用为核心，紧紧围绕大数据应用闭环的流程进行教学，才能够使学生从宏观上理解大数据技术在行业中的具体应用场景及应用方法。高校现有的大数据课程集中在如何进行数据处理、建模分析、参数调整，使得模型的结果更加准确。但是，完整的大数据应用却是一个容易被忽视的部分。本套图书的第二大特点就是围绕大数据应用的整个流程，从数据采集、数据迁移、数据存储、数据分析与挖掘，最终到数据可视化，覆盖完整的大数据应用流程，涵盖企业大数据应用中的各个环节，符合企业大数据应用真实场景。

希望这套图书能为更多的高校师生带来便利，帮助读者尽快掌握本领，成为有用之才！

中国高校大数据教育创新联盟

2017 年 12 月

前 言 PREFACE

随着大数据时代的来临，数据分析技术将帮助企业用户在合理时间内获取、管理、处理及整理数据，为企业经营决策提供积极的帮助。在加快建设制造强国、质量强国、航天强国、交通强国、网络强国、数字中国的背景下，金融业、零售业、医疗业、互联网业、交通物流业、制造业等行业领域对数据分析岗位的需求巨大，有实践经验的数据分析人才更是各企业争夺的重点。为了满足日益增长的数据分析人才需求，很多高校开始尝试开设不同程度的数据分析课程。

本书特色

本书全面贯彻党的二十大精神，以社会主义核心价值观为引领，加强基础研究、发扬斗争精神。本书内容以项目为导向，结合大量数据分析案例及教学经验，将 Excel 数据处理常用技术和真实案例相结合，由浅入深地介绍使用 Excel 进行数据获取与处理的主要方法。每个项目都由技能目标、知识目标、项目背景、项目目标、项目分析和技能拓展等部分组成。全书设计思路以应用为导向，让读者明确如何利用所学知识来解决问题，通过技能训练巩固所学知识，真正理解并能够应用所学知识。

本书适用对象

● 开设有数据分析课程的高校的教师和学生

目前国内不少高校将数据分析引入教学中，计算机、电子商务、市场营销、物流管理、金融管理等专业开设了与数据分析技术相关的课程。本书提供项目式的教学模式，能够使师生充分发挥互动性和创造性，获得最佳的教学效果。

● 以 Excel 为工具的人员

Excel 是常用的办公软件之一，也是职场必备的技能之一，被广泛用于数据分析、财务、行政、营销等岗位。本书讲解了 Excel 常用的数据获取与处理技术，能帮助相关人员提高工作效率。

● 关注数据分析的人员

Excel 作为常用的数据分析工具，能实现数据分析技术中的数据获取、数据处理、统计分析等操作。本书提供了 Excel 数据分析的入门基础知识，能有效指导数据分析初学者快速入门。

代码下载及问题反馈

为了帮助读者更好地使用本书，泰迪云课堂（https://edu.tipdm.org）提供了配套的教学视频。本书配套的原始数据文件，读者可以扫描下方二维码关注泰迪学社微信公众号（TipDataMining），回复"图书资源"进行获取，也可登录人邮教育社区（http://www.ryjiaoyu.com）下载。为方便教师授课，本书还提供了 PPT 课件、教学大纲、教学进度表和教案等教学资源，教师可在泰迪学社微信公众号回复"教学资源"进行获取。

由于作者水平有限，编写时间仓促，书中难免存在疏漏和不足之处。如果您有更多的宝贵意见，欢迎在泰迪学社微信公众号中回复"图书反馈"进行反馈。更多本系列图书的信息可以在"泰迪杯"数据挖掘挑战赛网站（http://www.tipdm.org/tj/index.jhtml）查阅。

编　者
2023 年 5 月

目录 CONTENTS

第1篇 获取数据

项目① 认识 Excel 2016

技能目标

能正确掌握 Excel 2016 界面的基本布局和基本操作。

知识目标

（1）认识 Excel 2016 的用户界面。
（2）了解工作簿、工作表、单元格的基本内容。

项目背景

Excel 2016 是一种数据分析工具，它具有制作电子表格、处理数据、统计分析、制作数据图表等功能。从未接触过 Excel 的小明想要学会运用 Excel 2016 对数据进行处理，以增强其办公技能。而想要运用 Excel 2016 对数据进行处理，首先需要认识 Excel 2016。

项目目标

初步接触 Excel 2016，正确了解 Excel 2016。

项目分析

（1）认识 Excel 2016 的标题栏、功能区、名称框、编辑栏、工作表编辑区、状态栏，以及启动和关闭方法。
（2）了解工作簿。
（3）了解工作表。
（4）了解单元格。

Excel 数据获取与处理

1.1　认识用户界面

1.1.1　启动 Excel 2016

在 Windows 10 系统的电脑中，单击【开始】选项卡，依次选择【Microsoft Office】→【Microsoft Office Excel】启动 Excel 2016，或双击桌面上的 Excel 2016 图标，打开的用户界面如图 1-1 所示。

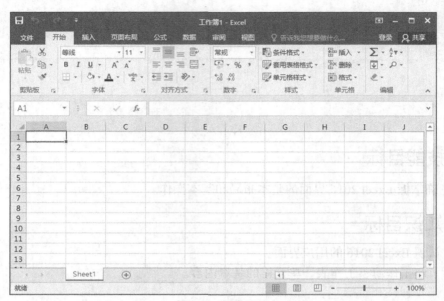

图 1-1　用户界面

1.1.2　介绍用户界面

Excel 2016 用户界面包括标题栏、功能区、名称框、编辑栏、工作表编辑区，以及状态栏，如图 1-2 所示。

图 1-2　用户界面组成

2

1．标题栏

标题栏位于应用窗口的顶端，如图 1-3 所示，包括快速访问工具栏、当前文件名、应用程序名称，以及窗口控制按钮。

图 1-3　标题栏

在图 1-3 中，框 1 为快速访问工具栏，框 2 为当前文件名，框 3 为应用程序名称，框 4 为窗口控制按钮。

快速访问工具栏可以快速访问【保存】、【撤销】、【恢复】等命令，如果快速访问工具栏中没有所需命令，可以单击快速访问工具栏的 ▾ 按钮，选择需要添加的命令，如图 1-4 所示。

图 1-4　添加命令

2．功能区

标题栏的下方是功能区，如图 1-5 所示，由【开始】、【插入】、【页面布局】等选项卡组成，每个选项卡又可以分成不同的组，例如，【开始】选项卡由【剪贴板】、【字体】、【对齐方式】等命令组组成，每个组又包含了不同的命令。

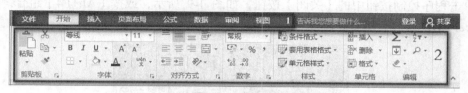

图 1-5　功能区

在图 1-5 中，框 1 为选项卡，框 2 为命令组。

3．名称框和编辑栏

功能区的下方是名称框和编辑栏，如图 1-6 所示。其中，名称框可以显示当前活动单元格的地址和名称，编辑栏可以显示当前活动单元格中的数据或公式。

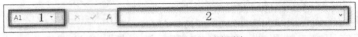

图 1-6 名称框和编辑栏

在图 1-6 中，框 1 为名称框，框 2 为编辑栏。

4．工作表编辑区

名称框和编辑栏的下方是工作表编辑区，如图 1-7 所示。工作表编辑区由文档窗口、标签滚动按钮、工作表标签、水平滚动滑条和垂直滚动滑条组成。

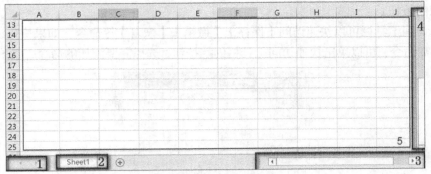

图 1-7 工作表编辑区

在图 1-7 中，框 1 为标签滚动按钮，框 2 为工作表标签，框 3 为水平滚动滑条，框 4 为垂直滚动滑条，框 5 为文档文档窗口。

5．状态栏

状态栏位于用户界面底部，如图 1-8 所示，由视图按钮和缩放模块组成，用来显示与当前操作相关的信息。

图 1-8 状态栏

在图 1-8 中，框 1 为视图按钮，框 2 为缩放模块。

1.1.3 关闭 Excel 2016

单击程序控制按钮中的【关闭】按钮，如图 1-9 所示，或按【Alt+F4】组合键即可关闭 Excel 2016。

图 1-9 关闭 Excel 2016

1.2 了解工作簿、工作表和单元格

1.2.1 了解工作簿

在 Excel 中创建的文件称为工作簿，工作簿一般默认含有一个名为【Sheet1】的工作表，如图 1-10 所示。

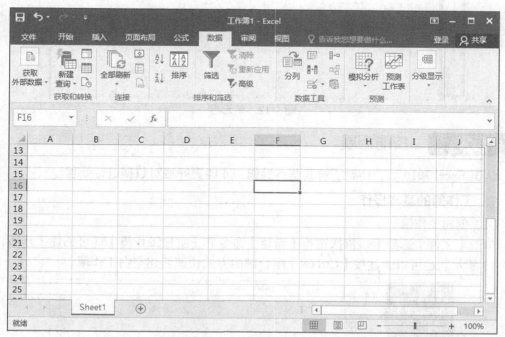

图 1-10　工作簿

1.2.2 了解工作表

在 Excel 中用于存储和处理各种数据的电子表格称为工作表，【Sheet1】工作表如图 1-11 所示。

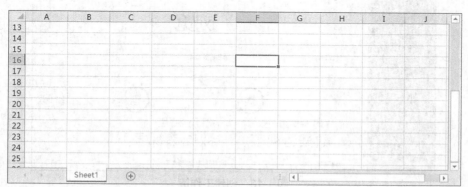

图 1-11　工作表

1.2.3 了解单元格

在工作表中，行和列相交构成单元格，单元格用于存储公式和数据，可以通过单击单

5

元格使之成为活动单元格，如图 1-12 所示。其中，框 1 为列，框 2 为行，图 1-12 中的活动单元格为 C4。

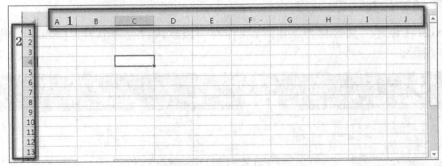

图 1-12　单元格

1.3　技能拓展

认识 Excel 2016 后，还要了解其基本操作，才能更好地对数据进行处理。

1. 工作簿的基本操作

（1）创建工作簿

单击【文件】选项卡，依次选择【新建】命令和【空白工作簿】即可创建工作簿，如图 1-13 所示。也可以通过按【Ctrl+N】组合键的方式快速新建空白工作簿。

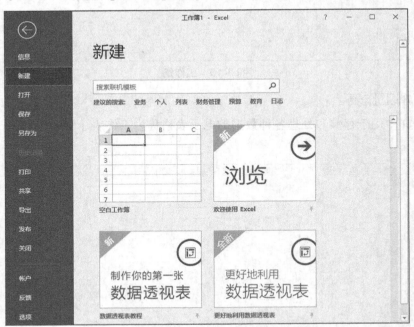

图 1-13　创建工作簿

（2）保存工作簿

单击快速访问工具栏的【保存】按钮，即可保存工作簿，如图 1-14 所示；也可以通过按【Ctrl+S】组合键的方式快速保存工作簿。

（3）打开和关闭工作簿

单击【文件】选项卡，选择【打开】命令，或者通过按【Ctrl+O】组合键的方式弹出【打开】对话框，如图 1-15 所示，再选择一个工作簿即可打开工作簿。

图 1-14　保存工作簿　　　　　　　　　　　图 1-15　打开工作簿

单击【文件】选项卡，选择【关闭】命令即可关闭工作簿，如图 1-16 所示；也可以通过按【Ctrl+W】组合键的方式关闭工作簿。

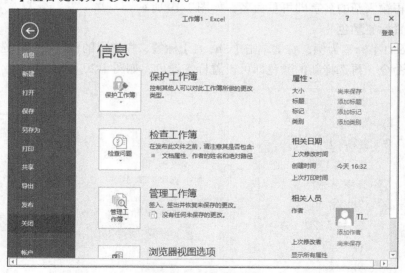

图 1-16　关闭工作簿

2. 工作表的基本操作

（1）插入工作表

在 Excel 中，插入工作表有多种方法，以下介绍两种常用的方法。

① 以【Sheet1】工作表为例，单击工作表编辑区的 ⊕ 按钮即可在现有工作表的末尾插入一个新的工作表【Sheet2】，如图 1-17 所示。

② 以【Sheet1】工作表为例，右键单击【Sheet1】工作表，在弹出的快捷菜单中选择【插入】命令，弹出【插入】对话框后，单击【确定】按钮即可在【Sheet1】工作表之前插入一个新的工作表【Sheet3】，如图 1-18 所示；也可以通过按【Shift+F11】组合键在现有的工作表之前插入一个新的工作表。

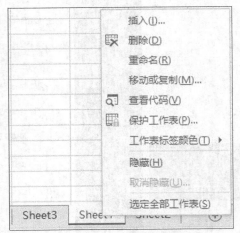

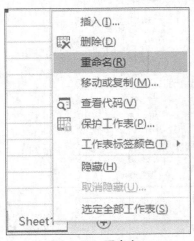

图 1-17　插入工作表方法 1　　　　图 1-18　插入工作表方法 2

（2）重命名工作表

以【Sheet1】工作表为例，右键单击【Sheet1】标签，在弹出的快捷菜单中选择【重命名】命令，再输入新的名字即可重命名，如图 1-19 所示。

（3）设置标签颜色

以【Sheet1】标签为例，右键单击【Sheet1】标签，在弹出的快捷菜单中选择【工作表标签颜色】命令，再选择新的颜色即可设置标签颜色，如图 1-20 所示。

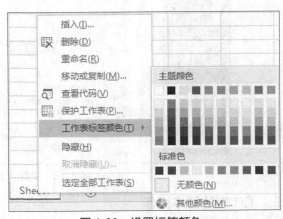

图 1-19　重命名　　　　　　　　图 1-20　设置标签颜色

（4）移动或复制工作表

以【Sheet1】工作表为例，单击【Sheet1】标签不放，向左或右拖动到新的位置即可移动工作表。

以【Sheet1】工作表为例，右键单击【Sheet1】标签，在弹出的快捷菜单中选择【移动或复制】命令弹出新的对话框，如图 1-21 所示，选择【Sheet1】标签，再选中【建立副本】复选框，最后单击【确定】按钮即可复制工作表。

（5）隐藏和显示工作表

以【Sheet1】工作表为例，右键单击【Sheet1】标签，在弹出的快捷菜单中选择【隐藏】命令，即可隐藏【Sheet1】工作表（需要注意的是，只有一个工作表时不能隐藏工作表），如图 1-22 所示。

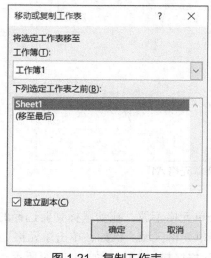

图 1-21　复制工作表

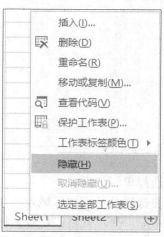

图 1-22　隐藏工作表

若要显示隐藏的是【Sheet1】工作表，则右键单击任意标签，在弹出的快捷菜单中选择【取消隐藏】命令，弹出新的对话框，如图 1-23 所示，选择【Sheet1】标签，单击【确定】按钮，即可显示之前隐藏的工作表【Sheet1】。

（6）删除工作表

以【Sheet1】工作表为例，右键单击【Sheet1】标签，在弹出的快捷菜单中选择【删除】命令，即可删除工作表，如图 1-24 所示。

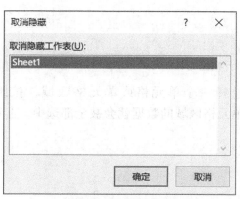

图 1-23　显示工作表

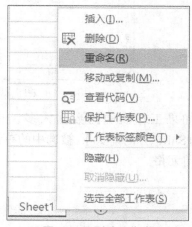

图 1-24　删除工作表

3. 单元格的基本操作

（1）选择单元格

单击某单元格可以选择该单元格，例如，单击 A1 单元格即可选择 A1 单元格，此时名称框会显示当前选择的单元格地址为 A1，如图 1-25 所示；也可以在名称框中输入单元格的地址来选择单元格，例如，在名称框中输入"A1"即可选择单元格 A1。

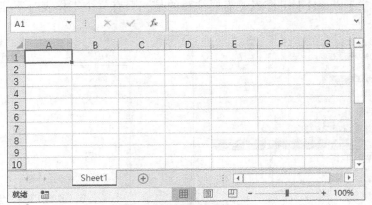

图 1-25　选择单元格 A1

（2）选择单元格区域

单击要选择的单元格区域左上角的第一个单元格不放，拖动鼠标到要选择的单元格区域右下方最后一个单元格，松开鼠标即可选择单元格区域。例如，单击单元格 A1 不放，拖动鼠标到单元格 D6，松开鼠标即可选择单元格区域 A1:D6，如图 1-26 所示；也可以在名称框中输入"A1:D6"来选择单元格区域 A1:D6。

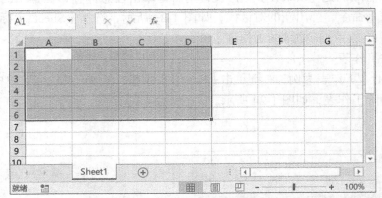

图 1-26　选择单元格区域 A1:D6

如果工作表中的数据太多，也可以选择一个单元格或单元格区域，按组合键【Ctrl+Shift+方向箭头】，被选中的单元格或单元格区域的数据就会被全部选中，直到遇到空白单元格。

项目 ② 输入数据

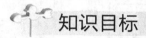 技能目标

（1）能手动输入文本数据[1]、数值型数据[2]、日期和时间数据[3]。
（2）能设置不同的单元格格式。

技能目标

掌握基本数据的输入方法。

项目背景

某传统餐饮店下单的模式是服务员用纸和笔记录客户点的菜品，所以每天的订单都是记录在纸稿上的。为了提高业绩，餐饮店平时会把订单详情输入 Excel 中进行保存，以便每个月对订单详情进行分析。

项目目标

在 Excel 中手动输入某餐饮店的订单详情，包括订单号、菜品名称、价格、数量、日期和时间，得到的效果如图 2-1 所示。

	A	B	C	D	E	F
1	订单号	菜品名称	价格	数量	日期	时间
2	201608030137	西瓜胡萝卜沙拉	26.00	1	2016/8/3	14:01:13
3	201608030137	麻辣小龙虾	99.00	1	2016/8/3	14:01:47
4	201608030137	农夫山泉NFC果汁100	6.00	1	2016/8/3	14:02:11
5	201608030137	番茄炖牛腩	35.00	1	2016/8/3	14:02:37
6	201608030137	白饭/小碗	1.00	4	2016/8/3	14:04:55
7	201608030137	凉拌菠菜	27.00	1	2016/8/3	14:05:09
8	201608030201	芝士焗波士顿龙虾	175.00	1	2016/8/4	11:17:25
9	201608030201	麻辣小龙虾	99.00	1	2016/8/4	11:19:58
10						

Sheet1

图 2-1　订单详情

项目分析

（1）输入订单详情的各字段。

（2）输入"订单号""菜品名称"数据。

（3）输入"价格""数量"数据。

（4）输入"日期""时间"数据。

2.1 输入订单号和菜品名称

默认情况下，Excel 2016 中输入的文本数据在单元格中是左对齐显示的。在 Excel 2016 中输入"订单号""菜品名称"数据，具体的操作步骤如下。

1. 输入"订单号"

单击单元格 A1，输入"订单号"，如图 2-2 所示；也可以在编辑栏中输入文本数据。

图 2-2　在单元格中输入文本

2. 输入剩余的文本数据

在单元格区域 B1:F1 中输入剩余的文本数据，如图 2-3 所示。

图 2-3　在编辑栏中输入文本

3. 输入单元格"订单号"下的数据

单击单元格 A2，输入订单号"201608030137"，按下【Enter】键后，单元格 A2 中会显示"2.01608E+11"，如图 2-4 所示，其中"E+11"表示 10 的 11 次方。原因是 Excel 将输入的数字处理为数值，且单元格中输入的数字已超过 11 位，所以会自动以科学计数法形式来显示，无论怎么调整列宽，显示的内容都不会改变。

图 2-4 以科学计数法显示数字

正确的输入方法是，在输入具体的数值前先输入一个英文状态下的撇号"'"，然后再输入具体的值。例如，单击单元格 A2，在编辑栏的"201608030137"前输入一个撇号"'"，按下【Enter】键后，Excel 会自动将该数值作为文本来处理，如图 2-5 所示。

图 2-5 在编辑栏中将数值改为文本

另一种输入方法则是通过【设置单元格格式】对话框将输入的数据类型设置为文本，具体操作如下。

（1）打开【设置单元格格式】对话框

右键单击单元格 A3，在弹出的快捷菜单中选择【设置单元格格式】命令，如图 2-6 所示，弹出【设置单元格格式】对话框，如图 2-7 所示。

图 2-6 选择【设置单元格格式】命令

图 2-7 【设置单元格格式】对话框

（2）设置单元格格式

在【设置单元格格式】对话框的【数字】选项卡中，选择【分类】列表框中的【文本】选项，如图 2-8 所示，单击【确定】按钮。

图 2-8 设置文本类型

（3）输入订单号

在单元格 A3 中输入"201608030137"，按下【Enter】键后，效果如图 2-9 所示。

图 2-9　设置格式后的输入效果

4．输入单元格"菜品名称"下的数据

单击单元格 B2，输入"西瓜胡萝卜沙拉"，如图 2-10 所示。

由图 2-10 可以看到，当输入的文本超过单元格宽度时，如果右侧相邻的单元格（如单元格 B2）中没有内容，那么超出的文本将延伸到右侧单元格中；如果右侧相邻的单元格中已包含内容，那么超出的文本将被隐藏起来，此时可以增加列宽，也可以插入换行符。

图 2-10　在单元格中输入文本数据

5．输入完整的订单号和菜品名称信息

根据上面介绍到的方法，选择其中一种，将订单号和菜品名称输入完整，完成效果如图 2-11 所示。

图 2-11　输入完整的订单号和菜品名称

2.2 输入价格和数量

数值在 Excel 2016 中是使用最多，也是操作比较复杂的数据类型。在 Excel 2016 中输入"价格""数量"数据，具体的操作步骤如下。

1. 输入单元格"价格"下的数据

单击单元格 C2，输入数字"26"，如图 2-12 所示。

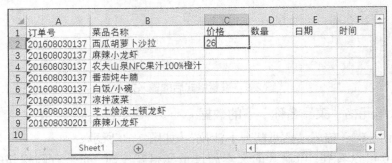

图 2-12　选中单元格并输入数字"26"

2. 设置单元格格式

右键单击选中单元格区域 C2:C9，在弹出的快捷菜单中选择【设置单元格格式】命令，弹出【设置单元格格式】对话框，在【数字】选项卡下的【分类】列表框中，选择【数值】，在【小数位数】右侧输入"2"，如图 2-13 所示，单击【确定】按钮，如图 2-14 所示。

图 2-13　设置数值格式

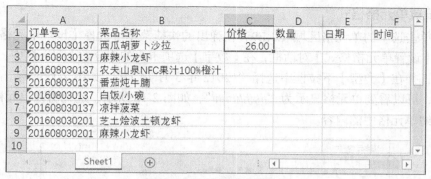

图 2-14 设置格式后的效果

3. 输入剩余的信息

依次输入剩余的数据信息，如图 2-15 所示。

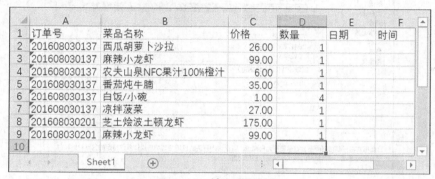

图 2-15 输入完整信息

2.3 输入日期和时间

日期和时间虽然是数字，但在 Excel 2016 中是特殊数值数据。在 Excel 2016 中输入"日期""时间"数据，具体的操作步骤如下。

1. 输入单元格"时间"下的数据

单击单元格 E2，输入"2016-8-3"，按下【Enter】键后，由于受到计算机系统设置的日期和时间格式的影响，单元格会显示成"2016/8/3"，如图 2-16 所示。

	A	B	C	D	E	F
1	订单号	菜品名称	价格	数量	日期	时间
2	201608030137	西瓜胡萝卜沙拉	26.00	1	2016/8/3	
3	201608030137	麻辣小龙虾	99.00	1		
4	201608030137	农夫山泉NFC果汁100%橙汁	6.00	1		
5	201608030137	番茄炖牛腩	35.00	1		
6	201608030137	白饭/小碗	1.00	4		
7	201608030137	凉拌菠菜	27.00	1		
8	201608030201	芝士烩波士顿龙虾	175.00	1		
9	201608030201	麻辣小龙虾	99.00	1		
10						

Sheet1

图 2-16 在单元格中输入日期

2. 设置单元格格式

右键单击选中的单元格区域 E2:E9，在弹出的快捷菜单中选择【设置单元格格式】命令，弹出【设置单元格格式】对话框，在【数字】选项卡下的【分类】列表框中，选择【日期】选项，并在【类型】下拉框中选择"*2012 年 3 月 14 日"，如图 2-17 所示。单击【确定】按钮，可以看到单元格显示为"########"，如图 2-18 所示，这说明该单元格太窄了，不足以容纳单元格中的内容。

图 2-17　【设置单元格格式】对话框

	A	B	C	D	E	F
1	订单号	菜品名称	价格	数量	日期	时间
2	201608030137	西瓜胡萝卜沙拉	26.00	1	########	
3	201608030137	麻辣小龙虾	99.00	1		
4	201608030137	农夫山泉NFC果汁100%橙汁	6.00	1		
5	201608030137	番茄炖牛腩	35.00	1		
6	201608030137	白饭/小碗	1.00	4		
7	201608030137	凉拌菠菜	27.00	1		
8	201608030201	芝士烩波土顿龙虾	175.00	1		
9	201608030201	麻辣小龙虾	99.00	1		
10						

图 2-18　设置格式后的效果

3. 调整列宽

将鼠标指针放在 E 列与 F 列的字母之间，等指针变成可拖动形状➕时，往右拖动鼠标，增加列宽即可，如图 2-19 所示。

图 2-19　日期显示

4. 输入单元格"日期"下的数据

单击单元格 F2，输入"14:01:13"，按下【Enter】键后，效果如图 2-20 所示。

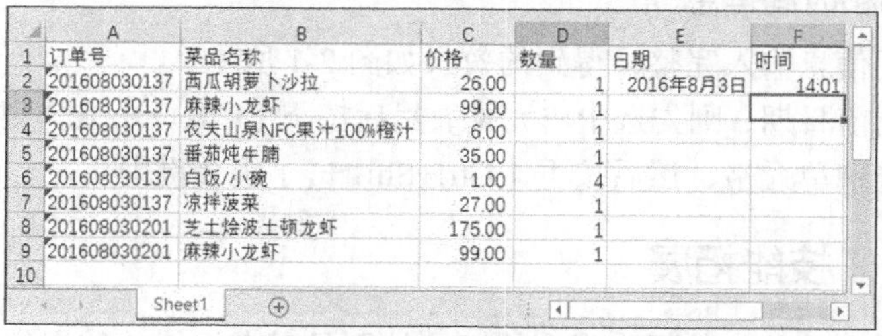

图 2-20　在单元格中输入时间

单元格显示为"14:01"，而非"14:01:13"，这是因为时间格式设置不对，所以需要设置单元格格式。

5. 设置单元格格式

右键单击选中的单元格区域 F2:F9，在弹出的快捷菜单中选择【设置单元格格式】命令，弹出【设置单元格格式】对话框，在【设置单元格格式】对话框的【数字】选项卡中，选择【分类】列表框中的【时间】选项，并在【类型】下拉框中选择"*13:30:55"，如图 2-21 所示，单击【确定】按钮，如图 2-22 所示。

图 2-21　【设置单元格格式】对话框

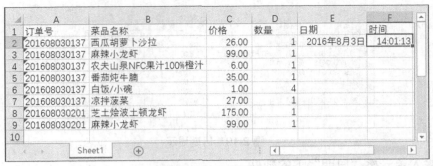

图 2-22　时间显示

6．完善日期和时间信息

将日期和时间信息输入完整，得到的效果如图 2-1 所示。

如果要输入当前日期，则先选中单元格，然后按下【Ctrl+;】组合键即可；如果要输入当前时间，则先选中单元格，然后按下【Ctrl+Shift+;】组合键即可。

2.4　技能拓展

在工作表中，手动输入数据有很多技巧，特别是对有规律的数据的输入。本节主要介绍通过制作下拉列表输入重复的数据；通过充填的方式输入有规律的数据；在多个单元格或多张工作表中输入相同的数据的方法。

1．制作下拉列表

当需要一组数据作为数据有效性中的条件时，可以通过制作下拉列表的方式限定数据的内容，保证在输入了其他内容时，Excel 能发出警告信息。现通过制作下拉列表的方式限定菜品类别的内容，再对"菜品类别"字段进行输入，具体的操作步骤如下。

（1）打开【数据验证】对话框

选择单元格区域 G2:G10，在【数据】选项卡的【数据工具】命令组中，单击【数据验证】命令，弹出【数据验证】对话框，如图 2-23 所示。

图 2-23　【数据验证】对话框

（2）设置验证条件

在【允许】下拉框中选择【序列】选项，如图 2-24 所示，在【来源】文本框中输入"白酒类,饮料类,米饭类,羊肉类"（中间用英文输入法状态下的逗号","隔开），如图 2-25 所示。

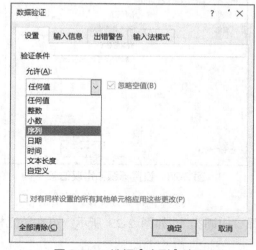 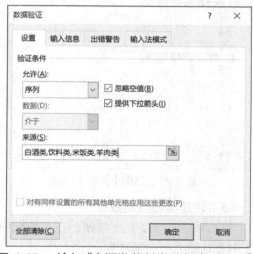

图 2-24　选择【序列】选项　　　图 2-25　输入"白酒类,饮料类,米饭类,羊肉类"

（3）设置输入信息

切换到【输入信息】选项卡，在【输入信息】文本框中输入"请选择菜品类别"，如图 2-26 所示。

图 2-26　【输入信息】选项卡

（4）设置出错警告信息

切换到【出错警告】选项卡，在【样式】下拉框中选择【警告】选项，如图 2-27 所示。在【标题】文本框中输入"输入类别错误"，在【错误信息】文本框中输入"请单击下拉按钮进行选择！"，如图 2-28 所示，单击【确定】按钮。

图 2-27 选择【警告】选项

图 2-28 设置标题和错误信息

（5）选择菜品类别数据

单击单元格 G2 的 按钮，在下拉框中选择"白酒类"，如图 2-29 所示，可在单元格
G2 中自动输入"白酒类"。

	A	B	C	D	E	F	G
1	菜品号	菜品名称	菜品口味	价格	成本	推荐度	菜品类别
2	610071	42度海之蓝	辣		50	0.76	白酒类
3	609947	北冰洋汽水	果味		2	0.7	白酒类
4	610068	38度剑南春	爽口		30	0.9	饮料类
5	610069	50度古井贡酒	爽口		20	0.86	米饭类
6	610070	52度泸州老窖	清香		85	0.85	羊肉类
7	610072	53度茅台	清香		65	0.88	
8	610011	白饭/大碗	原味		5	0.83	
9	610010	白饭/小碗	原味		0.5	0.83	
10	609960	白胡椒胡萝卜羊肉汤	爽口		18	0.8	
11							
12							

菜品信息

图 2-29 选择序列中的"白酒类"

（6）完善菜品类别数据

输入剩余的菜品类别数据，如图 2-30 所示。

	A	B	C	D	E	F	G	H	I
1	菜品号	菜品名称	菜品口味	价格	成本	推荐度	菜品类别		
2	610071	42度海之蓝	辣		50	0.76	白酒类		
3	609947	北冰洋汽水	果味		2	0.7	饮料类		
4	610068	38度剑南春	爽口		30	0.9	白酒类		
5	610069	50度古井贡酒	爽口		20	0.86	白酒类		
6	610070	52度泸州老窖	清香		85	0.85	白酒类		
7	610072	53度茅台	清香		65	0.88	白酒类		
8	610011	白饭/大碗	原味		5	0.83	米饭类		
9	610010	白饭/小碗	原味		0.5	0.83	米饭类		
10	609960	白胡椒胡萝卜羊肉汤	爽口		18	0.8	羊肉类		
11									
12								请选择菜	
								品类别	

菜品信息

图 2-30 输入完整后的效果

也可以直接在单元格中输入数据，但是此时输入的数据只能是下拉列表中设置的内容，如果输入其他内容，如在单元格 G2 中输入“糕点类”，那么会自动弹出设置好的出错警告提示，即【输入类别错误】对话框，如图 2-31 所示，单击【取消】按钮即可撤销本次操作。

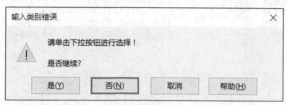

图 2-31 【输入类别错误】对话框

2. 输入有规律数据

（1）填充相同数据

当需要在工作表中的某一区域输入相同数据时，可以使用拖动法和填充命令进行快速输入。

① 拖动法

现通过复制填充的方式对“性别”字段进行输入，具体的操作步骤如下。

a. 输入“男”

选择单元格 C2 作为数据区域的起始单元格，输入“男”，如图 2-32 所示。

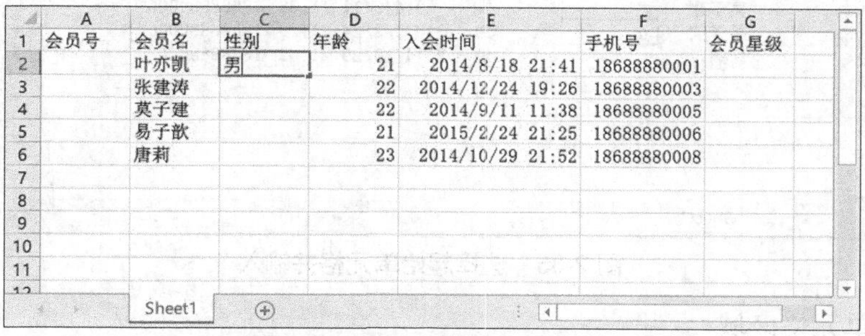

	A	B	C	D	E	F	G
1	会员号	会员名	性别	年龄	入会时间	手机号	会员星级
2		叶亦凯	男	21	2014/8/18 21:41	18688880001	
3		张建涛		22	2014/12/24 19:26	18688880003	
4		莫子建		22	2014/9/11 11:38	18688880005	
5		易子歆		21	2015/2/24 21:25	18688880006	
6		唐莉		23	2014/10/29 21:52	18688880008	

图 2-32 选择起始单元格并输入

b. 填充“男”

以填充的方式输入“男”，具体操作如下。

（a）将鼠标指针指向单元格 C2 的右下角，当指针变为黑色且加粗的“+”时，向下拖动鼠标，当经过下面的单元格时，选中的单元格右下方会以提示的方式显示要填充到单元格中的内容，如图 2-33 所示。

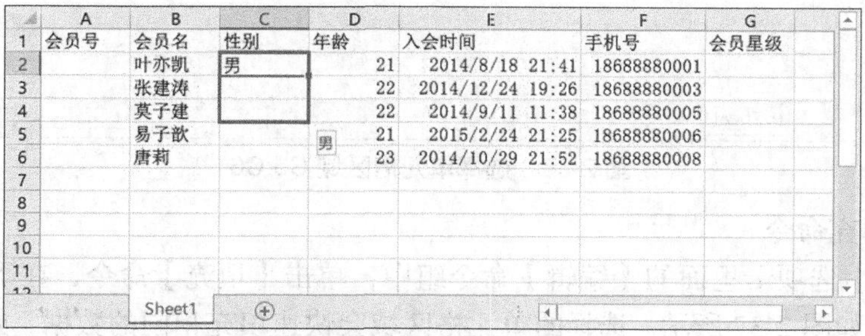

	A	B	C	D	E	F	G
1	会员号	会员名	性别	年龄	入会时间	手机号	会员星级
2		叶亦凯	男	21	2014/8/18 21:41	18688880001	
3		张建涛		22	2014/12/24 19:26	18688880003	
4		莫子建		22	2014/9/11 11:38	18688880005	
5		易子歆		21	2015/2/24 21:25	18688880006	
6		唐莉		23	2014/10/29 21:52	18688880008	

图 2-33 使用拖动法进行快速输入

（b）释放鼠标，相同的数据会被填充到拖动过的单元格区域中，如图 2-34 所示。

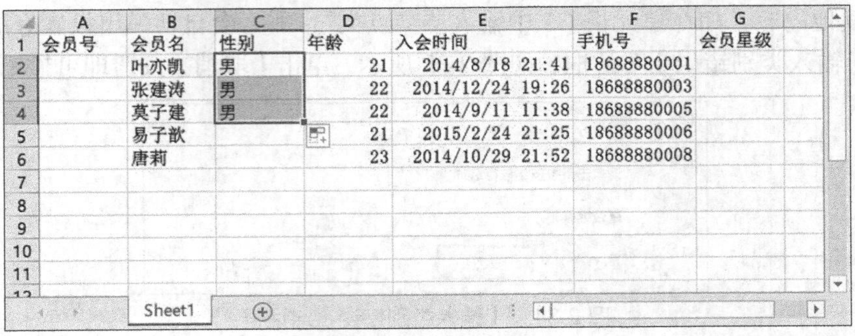

	A	B	C	D	E	F	G
1	会员号	会员名	性别	年龄	入会时间	手机号	会员星级
2		叶亦凯	男	21	2014/8/18 21:41	18688880001	
3		张建涛	男	22	2014/12/24 19:26	18688880003	
4		莫子建	男	22	2014/9/11 11:38	18688880005	
5		易子歆		21	2015/2/24 21:25	18688880006	
6		唐莉		23	2014/10/29 21:52	18688880008	

图 2-34　填充效果

② 填充命令

使用填充命令对相同的数据进行输入，具体的操作步骤如下。

a．输入“女”

选择单元格 C5 作为数据区域的起始单元格，输入“女”，如图 2-35 所示。

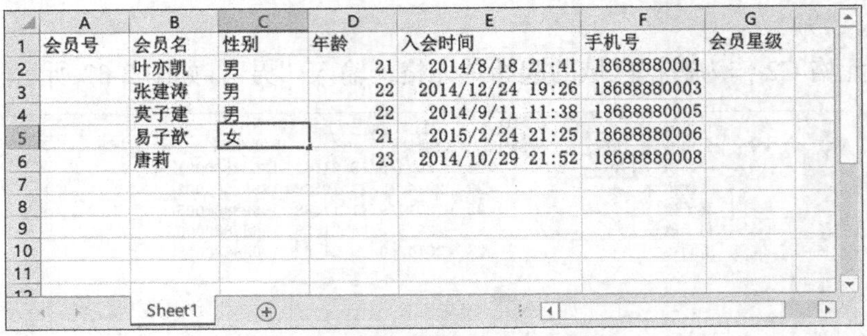

	A	B	C	D	E	F	G
1	会员号	会员名	性别	年龄	入会时间	手机号	会员星级
2		叶亦凯	男	21	2014/8/18 21:41	18688880001	
3		张建涛	男	22	2014/12/24 19:26	18688880003	
4		莫子建	男	22	2014/9/11 11:38	18688880005	
5		易子歆	女	21	2015/2/24 21:25	18688880006	
6		唐莉		23	2014/10/29 21:52	18688880008	

图 2-35　选择起始单元格并输入

b．选择单元格区域

选择单元格区域 C5:C6，如图 2-36 所示。

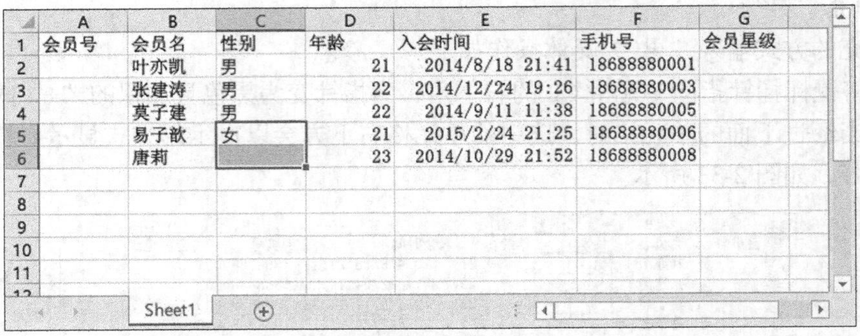

	A	B	C	D	E	F	G
1	会员号	会员名	性别	年龄	入会时间	手机号	会员星级
2		叶亦凯	男	21	2014/8/18 21:41	18688880001	
3		张建涛	男	22	2014/12/24 19:26	18688880003	
4		莫子建	男	22	2014/9/11 11:38	18688880005	
5		易子歆	女	21	2015/2/24 21:25	18688880006	
6		唐莉		23	2014/10/29 21:52	18688880008	

图 2-36　选择单元格区域 C5:C6

c．使用填充命令

在【开始】选项卡里面的【编辑】命令组中，单击【填充】命令，在下拉列表中选择【向下】命令，如图 2-37 所示。选择的单元格区域会快速填充相同的数据，如图 2-38 所示。

图 2-37 选择【向下】命令　　　　　图 2-38　使用【填充】命令进行快速输入

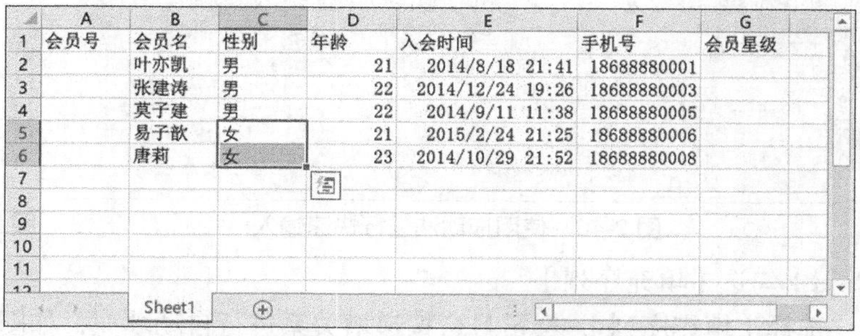

如果要用某个单元格上方的内容快速填充该单元格，可以按【Ctrl+D】组合键；如果要用某个单元格左侧的内容快速填充该单元格，可以按【Ctrl+R】组合键。

（2）填充序列

有时需要填充的数据是有规律的，如递增、递减、成比例等。为了缩短在单元格中逐个输入数据的时间，可以使用拖动法和填充命令进行快速输入。现通过序列填充的方式对"会员号"字段进行输入，具体的操作步骤如下。

① 拖动法

a．输入"982"

选择单元格 A2 作为数据区域的起始单元格，输入"982"，如图 2-39 所示。

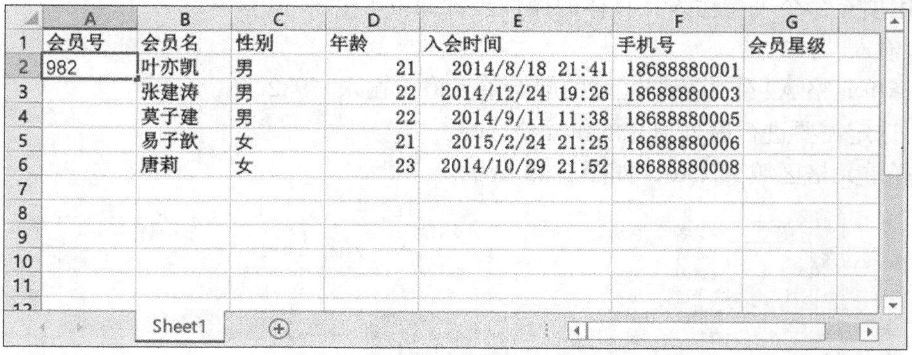

图 2-39　选择起始单元格并输入

b．填充复制会员号

将鼠标指针移向单元格 A2 的右下角，当指针变为黑色且加粗"+"时，向下拖动鼠标，当经过下面的单元格时，屏幕上会以提示的方式显示要输入到单元格中的内容，如图 2-40 所示。

c．打开【自动填充选项】下拉列表

释放鼠标后，单击出现的【自动填充选项】按钮▣，此时默认勾选的选项为【复制单元格】，如图 2-41 所示。

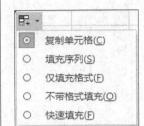

图 2-40　使用拖动法进行快速输入　　　　　图 2-41　【自动填充选项】按钮

d. 勾选【填充序列】

选择【填充序列】，会员号会按递增关系进行自动填充，如图 2-42 所示。

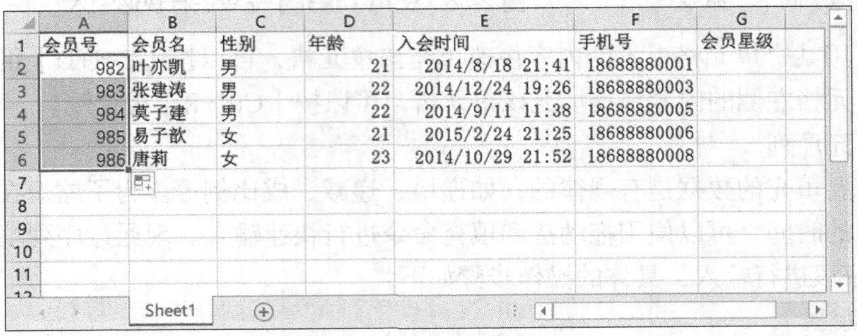

图 2-42　序列填充效果

② 填充命令

采用填充命令进行输入，具体的操作步骤如下。

a. 输入 "982"

选择单元格 A2 作为数据区域的起始单元格，输入 "982"。

b. 选定需要进行序列填充的单元格区域

选择单元格区域 A2:A6，如图 2-43 所示。

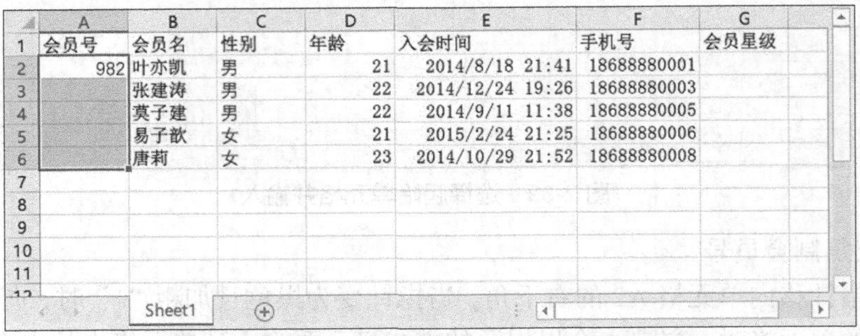

图 2-43　选定需要进行序列填充的单元格区域

c. 打开【序列】对话框

在【开始】选项卡里面的【编辑】命令组中，单击【填充】命令，在下拉列表中选择
【序列】命令，弹出【序列】对话框。

d. 在【序列】对话框中设置参数

在【序列产生在】组合框中选择【列】单选按钮，在【类型】组合框中选择【等差序

列】单选按钮，在【步长值】文本框中输入"1"，如图 2-44 所示。单击【确定】按钮，得到的效果如图 2-45 所示。

图 2-44　在【序列】对话框中填写相应参数

	A	B	C	D	E	F	G
1	会员号	会员名	性别	年龄	入会时间	手机号	会员星级
2	982	叶亦凯	男	21	2014/8/18 21:41	18688880001	
3	983	张建涛	男	22	2014/12/24 19:26	18688880003	
4	984	莫子建	男	22	2014/9/11 11:38	18688880005	
5	985	易子歆	女	21	2015/2/24 21:25	18688880006	
6	986	唐莉	女	23	2014/10/29 21:52	18688880008	
7							
8							
9							
10							
11							

图 2-45　使用填充命令进行快速输入

（3）填充自定义序列

Excel 中包含了一些常见的有规律的数据序列，如日期、季度等，但这些有时候不能满足用户的需要。在遇到一些特殊的有一定规律的数据时，用户还可以填充自定义序列。现通过填充自定义序列的方式对"用户星级"字段进行输入，具体的操作步骤如下。

① 打开【Excel 选项】对话框

单击【文件】选项卡，选择【选项】命令，弹出【Excel 选项】对话框，如图 2-46 所示。

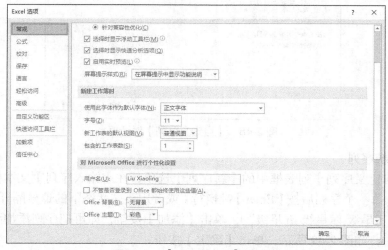

图 2-46　【Excel 选项】对话框

② 打开【自定义序列】对话框

在【Excel 选项】对话框中，单击【高级】选项，在【常规】组中单击【编辑自定义列表】按钮，如图 2-47 所示，弹出【自定义序列】对话框，如图 2-48 所示。

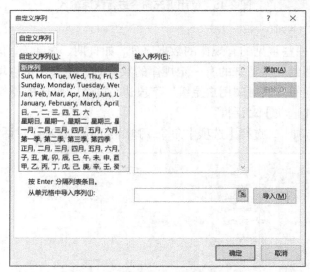

图 2-47　在【常规】组中找到【编辑自定义列表】按钮

图 2-48　【自定义序列】对话框

③ 添加新序列

选择【自定义序列】列表框中的【新序列】选项，在【输入序列】文本框中输入自定义序列，输入每一个序列后按【Enter】键换行（或者用英文状态下的逗号隔开，如输入"一星级,二星级,三星级,四星级,五星级"），单击【添加】按钮，即可把序列添加到【自定义序列】列表框中，如图 2-49 所示，单击【确定】按钮。

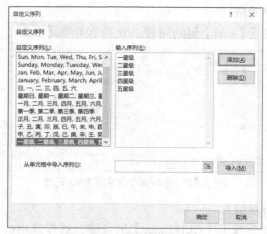

图 2-49　添加的新序列

④ 输入新序列

在单元格 G2 中输入"一星级",然后用复制填充的方式拖动鼠标即可得到填充序列,如图 2-50 所示。

	A	B	C	D	E	F	G
1	会员号	会员名	性别	年龄	入会时间	手机号	会员星级
2	982	叶亦凯	男	21	2014/8/18 21:41	18688880001	一星级
3	983	张建涛	男	22	2014/12/24 19:26	18688880003	二星级
4	984	莫子建	男	22	2014/9/11 11:38	18688880006	三星级
5	985	易子歆	女	21	2015/2/24 21:25	18688880006	四星级
6	986	唐莉	女	23	2014/10/29 21:52	18688880008	五星级
7							
8							
9							
10							
11							

Sheet1

图 2-50　利用自定义序列填充的数据

3. 输入相同的数据

在 Excel 中,有时候需要在多个单元格或者多张工作表中输入相同的数据,可以一次性完成输入工作,而不必逐个进行输入。现有某餐饮店的订单详情、菜品信息和会员信息,在 Excel 中对相关数据进行更新。

（1）在多个单元格中输入相同的数据

图 2-51 为某餐饮店的会员信息,现将会员号为"1213""1215""1116"的会员星级更改为"二星级",具体的操作步骤如下。

	A	B	C	D	E	F	G
1	会员号	会员名	性别	年龄	会员星级		
2	1213	赵英	女	46	一星级		
3	1214	沈嘉仪	女	28	二星级		
4	1215	孙翌皓	男	49	三星级		
5	1116	曾天	男	23	四星级		
6	1117	黄文轩	男	21	五星级		
7							
8							

菜品信息　会员信息

图 2-51　会员信息

Excel 数据获取与处理

① 选择多个目标单元格

选择单元格 E2，按下【Ctrl】键的同时，分别单击单元格 E4、E5，如图 2-52 所示。

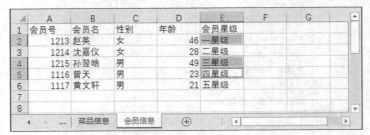

图 2-52　选中多个不相邻的单元格

② 输入更改的会员星级

输入"二星级"，然后按下【Ctrl+Enter】组合键，这样选中的单元格都会被输入相同的数据，如图 2-53 所示。

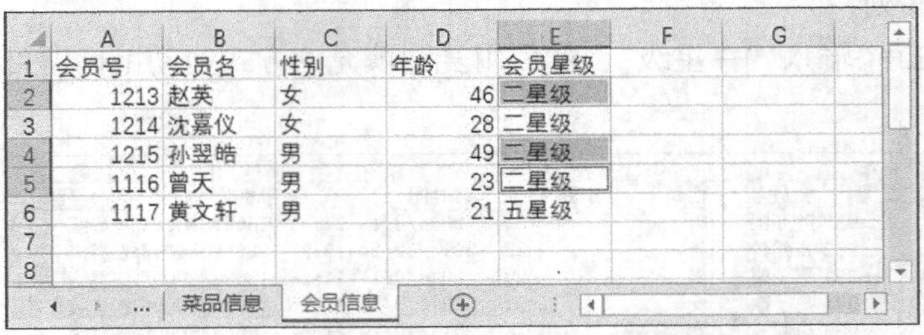

图 2-53　在多个单元格中输入相同的数据

（2）在多张工作表中输入相同的数据

图 2-54 和图 2-55 分别是某餐饮店的订单详情与菜品信息，现该餐饮店的"白斩鸡"打折销售，需要将两个工作表中"白斩鸡"的价格改为"40"，具体的操作步骤如下。

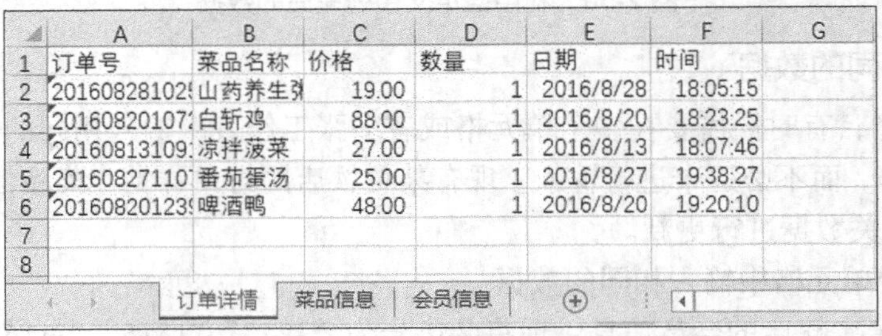

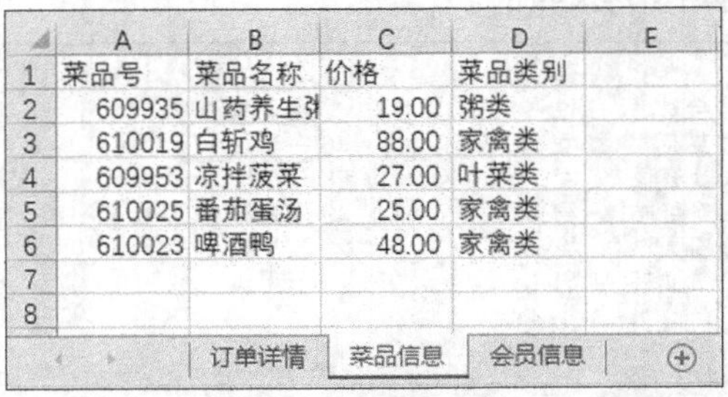

图 2-54　订单详情

图 2-55　菜品信息

30

① 选中两张工作表

单击【订单详情】工作表标签，然后按下【Ctrl】键，再单击【菜品信息】工作表，在标题栏中，可以看到工作簿的名称后面跟有"[工作组]"一词，如图 2-56 所示。

图 2-56　选中两张工作表

② 输入新的价格

单击单元格 C3，输入"40"，然后按下【Enter】键或者【Tab】键即可，如图 2-57 和图 2-58 所示。

图 2-57　更新后的订单详情

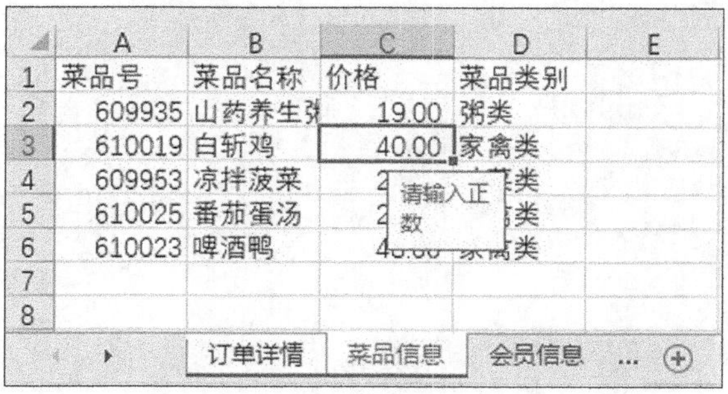

图 2-58　更新后的菜品信息

需要注意的是，这种方法只能用在不同工作表的对应相同的单元格中，如【订单详情】工作表的单元格 C3 与【菜品信息】工作表的单元格 C3 可进行相同数据的输入。

Excel 数据获取与处理

2.5　技能训练

1. 训练目的

某自动便利店新进了一批商品，需要将商品信息录入 Excel 中以做记录，商品信息如图 2-59 所示。

▲	A	B	C	D	E	F
1	序号	商品名称	条形码	进货价格	进货日期	
2	1	健能酸奶	6930953094006	3.5	2016/12/20	
3	2	合味道（海鲜风味）	6917935002150	4	2016/12/20	
4	3	乐事薯片	6924743919266	6	2016/12/20	
5	4	美好时光海苔	6926475202074	2.5	2016/12/20	
6	5	可口可乐	6928804011760	3	2016/12/20	
7	6	达利园柠檬蛋糕	6911988026415	4	2016/12/22	
8	7	康师傅红烧牛肉面	6900873000777	5	2016/12/22	
9	8	恒大冰泉矿泉水	6943052100110	2	2016/12/22	
10	9	盼盼手撕面包	6970042900078	3.5	2016/12/22	
11						

图 2-59　商品信息工作表

2. 训练要求

创建一个新的空白工作簿，在工作表中手动输入某自动便利店的商品信息，具体信息如图 2-59 所示。

项目 ③ 美化工作表

技能目标

（1）能合并单元格。
（2）能设置表格的边框。
（3）能调整行高。
（4）能设置单元格底纹。

知识目标

（1）掌握单元格格式的设置。
（2）掌握条件格式的设置。
（3）掌握行与列的调整。

项目背景

实践没有止境，为了更好地展示数据，以便员工了解各个订单的菜品情况，需要对【订单二元表】工作表及单元格数据进行不同的格式设置，包括合并单元格、设置边框、调整行高和列宽、设置单元格底纹、突出显示单元格，从而达到布局合理、结构清晰和美观大方的目的，美化效果如图3-1所示。

菜品名称 / 订单	凉拌菠菜	凉拌萝卜丝	凉拌蒜蓉西兰花	麻辣小龙虾	焖猪手	五色糯米饭	香菇鹌鹑蛋
1001	1	0	1	1	1	0	1
1002	0	0	0	0	0	0	0
1004	1	0	0	0	0	0	0
1006	1	0	0	0	0	0	0
1007	0	1	0	0	0	0	1
1008	1	1	1	1	0	1	0
1009	1	0	0	1	0	0	0
1010	1	0	0	0	0	0	1
1011	0	0	1	0	0	0	0
1012	0	0	0	0	0	1	0
1013	0	0	0	0	1	1	0
1014	1	0	0	0	0	1	0

注：1代表该订单中有这个菜，0代表该订单中没有这个菜

图3-1　美化的【订单二元表】工作表

项目目标

对【订单二元表】工作表及单元格数据进行不同的格式设置。

项目分析

（1）合并单元格区域 A1:H1。

（2）设置添加边框的颜色和线型，并添加所有框线。

（3）在单元格 A2 中添加斜向边框。

（4）调整单元格区域 A 列到 H 列的行高为 28。

（5）调整单元格区域 B 列到 H 列的列宽为 12.75。

（6）用单色填充标题。

（7）用双色填充字段名。

（8）突出显示数值为 1 的单元格。

3.1　合并单元格

在【订单二元表】工作表中合并单元格区域 A1:H1 的具体操作步骤如下。

1. 选择单元格区域

在【订单二元表】工作表中，选择单元格区域 A1:H1，如图 3-2 所示。

图 3-2　选择单元格区域 A1:H1

2. 合并后居中单元格

在【开始】选项卡的【对齐方式】命令组中，单击 按钮的倒三角符号，如图 3-3 所示，在下拉列表中选择【合并后居中】命令，即可合并单元格，效果如图 3-4 所示。

图 3-3　【合并单元格】命令

图 3-4 合并单元格后的效果

若要取消单元格的合并，则选择要取消合并的单元格区域，在图 3-3 的下拉列表中选择【取消单元格合并】命令即可。

3.2 设置边框

3.2.1 添加边框

在【订单二元表】工作表的单元格区域 A1:H14 中添加所有框线的具体操作步骤如下。

1. 隐藏单元格网格线

在【订单二元表】工作表中，取消【视图】选项卡的【显示】命令组中【网格线】复选框的勾选，即可隐藏单元格网格线，如图 3-5 所示。若需显示单元格网格线，则勾选【网格线】复选框即可。注意：该操作视情况所需设置，可不设。

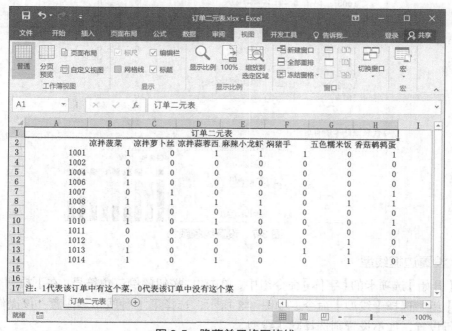

图 3-5 隐藏单元格网格线

如果编辑时不使用网格线，但打印时又希望有网格线，那么可以在【页面布局】选项卡的【工作表选项】命令组中，勾选【网格线】组的【打印】复选框，如图 3-6 所示。

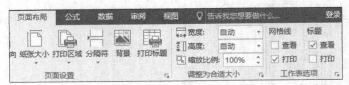

图3-6　打印网格线

2. 设置边框的线条颜色

在【开始】选项卡的【字体】命令组中，单击田·按钮的倒三角符号，在下拉列表的【绘制边框】组中选择【线条颜色】命令，选择黑色，如图 3-7 所示。注意：该操作视情况所需进行设置，如不设置则选择默认颜色。

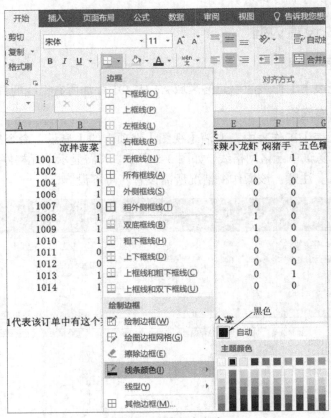

图3-7　设置线条颜色

3. 设置边框线型

在【开始】选项卡的【字体】命令组中，单击田·按钮的倒三角符号，在下拉列表的【绘制边框】组中选择【线型】命令，如图 3-8 所示，选择第 1 种线型。注意：该操作视情况所需进行设置，如不设置则选择默认线型。

图 3-8　设置边框线型

4. 选择单元格区域

在【订单二元表】工作表中，选择单元格区域 A1:H14，如图 3-9 所示。

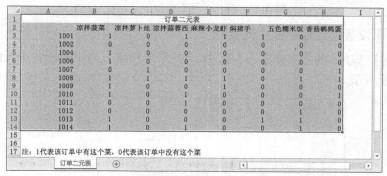

图 3-9　选择单元格区域 A1:H14

5. 添加边框

在【开始】选项卡的【字体】命令组中，单击 田 - 按钮的倒三角符号，如图 3-10 所示，单击【所有框线】命令即可添加所有框线，效果如图 3-11 所示。

图 3-10　添加所有框线

图 3-11　添加所有框线后的效果

3.2.2 添加斜向边框

在【订单二元表】工作表的单元格 A2 中添加斜向边框的具体步骤如下。

1. 输入"菜品名称""订单"

选择单元格 A2，输入空格后输入"菜品名称"，按【Alt+Enter】组合键换行，输入"订单"，如图 3-12 所示。

	A	B	C	D	E	F	G	H	I
1				订单二元表					
2	菜品名称 订单	凉拌菠菜	凉拌萝卜丝	凉拌蒜蓉西	麻辣小龙虾	焖猪手	五色糯米饭	香菇鹌鹑蛋	
3	1001	1	0	1	1	1	0	1	
4	1002	0	0	0	0	0	0	0	
5	1004	1	0	0	0	0	0	0	
6	1006	1	0	0	0	0	0	0	
7	1007	0	1	0	0	0	0	1	
8	1008	1	1	1	1	0	1	1	
9	1009	1	0	0	1	0	0	1	
10	1010	1	0	1	0	0	0	0	
11	1011	0	0	0	0	0	0	0	
12	1012	0	0	0	0	0	1	0	
13	1013	0	0	0	0	1	1	0	
14	1014	1	0	1	0	0	1	0	
15									
16									

订单二元表

图 3-12 输入"菜品名称""订单"

2. 打开【设置单元格格式】对话框

在【开始】选项卡的【字体】命令组中，单击 ⌐ 按钮，弹出【设置单元格格式】对话框，如图 3-13 所示。

图 3-13 【设置单元格格式】对话框

3. 添加斜线

在【设置单元格格式】对话框中打开【边框】选项卡，单击【边框】组的 ⬚ 按钮，如图 3-14 所示，单击【确定】按钮即可添加斜向边框，效果如图 3-15 所示。

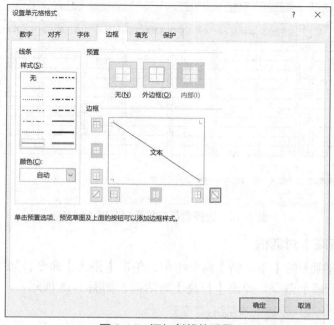

图 3-14　添加斜线的设置

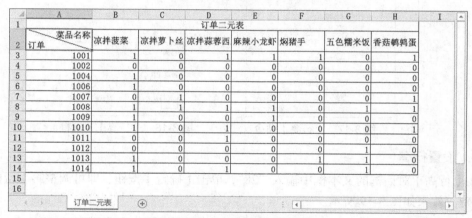

图 3-15　添加斜向边框后的效果

也可以在图 3-14 所示的【线条】和【颜色】组中选择所需的样式和颜色，并在【预置】和【边框】中选择合适的按钮来自定义单元格。

3.3　调整行高与列宽

3.3.1　调整行高

在单元格中输入内容时，有时需要根据内容来调整行高，以便更好地显示所有的内容。在【订单二元表】工作表中，调整首行的行高为 28 磅，具体的操作步骤如下。

1. 选择首行

在工作表【订单二元表】中，选择首行的单元格区域 A1:H1，如图 3-16 所示。

订单＼菜品名称	凉拌菠菜	凉拌萝卜丝	凉拌蒜蓉西	麻辣小龙虾	焖猪手	五色糯米饭	香菇鹌鹑蛋
			订单二元表				
1001	1	0	1	1	1	0	1
1002	0	0	0	0	0	0	0
1004	1	0	0	0	0	0	0
1006	1	0	0	0	0	0	0
1007	0	1	0	0	0	0	1
1008	1	1	1	1	1	0	0
1009	1	0	0	1	0	0	0
1010	1	0	1	0	0	0	1
1011	1	0	0	0	0	0	0
1012	0	0	0	0	0	1	0
1013	1	0	0	0	1	1	0
1014	1	0	1	0	0	1	0

注：1代表该订单中有这个菜，0代表该订单中没有这个菜

图 3-16　选择首行的单元格区域 A1:H1

2．打开【行高】对话框

在【开始】选项卡的【单元格】命令组中，单击【格式】命令，如图 3-17 所示，在下拉列表中选择【行高】命令，弹出【行高】对话框，如图 3-18 所示。

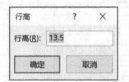

图 3-17　【行高】命令　　　　图 3-18　【行高】对话框

3．设置行高

在【行高】对话框的文本框中输入"28"，单击【确定】按钮，即可调整第 1 行的行高为 28 磅，效果如图 3-19 所示。

订单＼菜品名称	凉拌菠菜	凉拌萝卜丝	凉拌蒜蓉西	麻辣小龙虾	焖猪手	五色糯米饭	香菇鹌鹑蛋
			订单二元表				
1001	1	0	1	1	1	0	1
1002	0	0	0	0	0	0	0
1004	1	0	0	0	0	0	0
1006	1	0	0	0	0	0	0
1007	0	1	0	0	0	0	1
1008	1	1	1	1	1	0	0
1009	1	0	0	1	0	0	0
1010	1	0	1	0	0	0	1
1011	1	0	0	0	0	0	0
1012	0	0	0	0	0	1	0
1013	1	0	0	0	1	1	0
1014	1	0	1	0	0	1	0

注：1代表该订单中有这个菜，0代表该订单中没有这个菜

图 3-19　调整行高后的效果

也可以单击图 3-17 所示的【自动调整行高】命令，让 Excel 根据内容自动调整合适的行高。

3.3.2 调整列宽

在单元格中输入内容时，有时需要根据内容来调整列宽，以便更好地显示所有的内容。在【订单二元表】工作表中，调整单元格区域 B 列到 H 列的列宽为"12.75"，具体的操作步骤如下。

1. 选择单元格区域

在【订单二元表】工作表中，选择单元格区域 B 列～H 列，如图 3-20 所示。

菜品名称/订单	凉拌菠菜	凉拌萝卜丝	凉拌蒜蓉西	麻辣小龙虾	焖猪手	五色糯米饭	香菇鹌鹑蛋
1001	1	0	1	1	1	0	1
1002	0	0	0	0	0	0	0
1004	1	0	1	0	0	0	0
1006	1	0	0	0	0	0	0
1007	0	1	0	0	0	0	0
1008	1	1	0	1	0	1	1
1009	1	0	0	1	0	0	1
1010	1	0	1	0	0	0	0
1011	0	0	1	0	0	0	0
1012	0	0	0	0	0	1	0
1013	1	0	0	1	0	0	0
1014	1	0	0	0	0	0	0

注：1代表该订单中有这个菜，0代表该订单中没有这个菜

订单二元表

图 3-20　选择单元格区域 B 列～H 列

2. 打开【列宽】对话框

在【开始】选项卡的【单元格】命令组中，单击【格式】命令，在下拉列表中选择【列宽】命令，如图 3-21 所示，弹出【列宽】对话框，如图 3-22 所示。

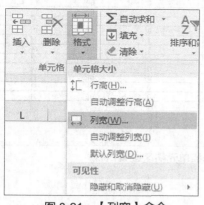

图 3-21　【列宽】命令

图 3-22　【列宽】对话框

3. 设置列宽

在【列宽】对话框的文本框中输入"12.75"，单击【确定】按钮，即可调整单元格区

Excel 数据获取与处理

域 D 列～H 列的列宽为 12.75，效果如图 3-23 所示。

订单二元表							
菜品名称 订单	凉拌菠菜	凉拌萝卜丝	凉拌蒜蓉西兰花	麻辣小龙虾	焖猪手	五色糯米饭	香菇鹌鹑蛋
1001	1	0	1	1	1	0	1
1002	0	0	0	0	0	0	0
1004	1	0	0	0	0	0	0
1006	1	0	0	0	0	0	0
1007	0	1	0	0	0	0	0
1008	1	1	1	1	0	1	0
1009	1	0	0	1	0	0	0
1010	1	0	1	0	0	0	1
1011	0	0	1	0	0	0	0
1012	0	0	0	0	0	1	0
1013	1	0	0	0	0	1	1
1014	1	0	0	0	0	1	0

注：1代表该订单中有这个菜，0代表该订单中没有这个菜

订单二元表

图 3-23　调整列宽后的效果

也可以单击图 3-21 所示的【自动调整列宽】命令，让 Excel 根据内容自动调整合适的列宽。

3.4　设置单元格底纹

3.4.1　用单色填充标题

在【订单二元表】工作表中用蓝色填充单元格区域 A1:H1 的具体操作步骤如下。

1. 选择单元格区域

在【订单二元表】工作表中，选择单元格区域 A1:H1，如图 3-24 所示。

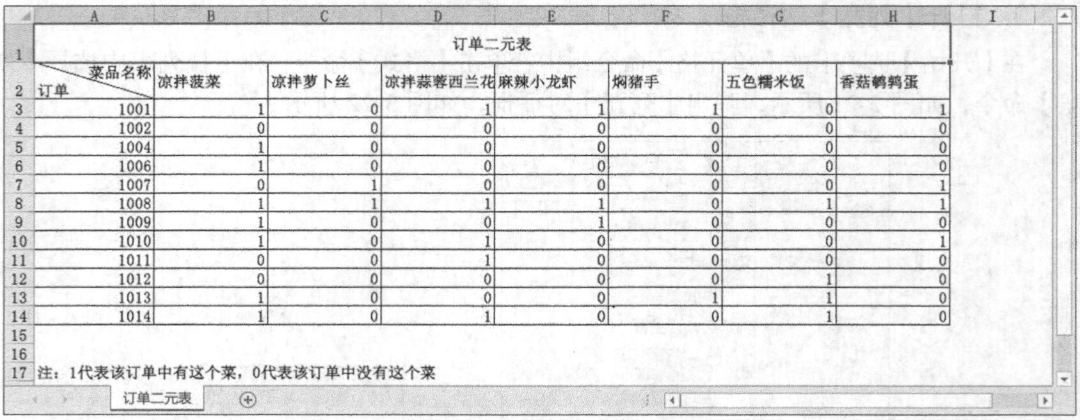

订单二元表							
菜品名称 订单	凉拌菠菜	凉拌萝卜丝	凉拌蒜蓉西兰花	麻辣小龙虾	焖猪手	五色糯米饭	香菇鹌鹑蛋
1001	1	0	1	1	1	0	1
1002	0	0	0	0	0	0	0
1004	1	0	0	0	0	0	0
1006	1	0	0	0	0	0	0
1007	0	1	0	0	0	0	0
1008	1	1	1	1	0	1	0
1009	1	0	0	1	0	0	0
1010	1	0	1	0	0	0	1
1011	0	0	1	0	0	0	0
1012	0	0	0	0	0	1	0
1013	0	0	0	0	0	1	1
1014	1	0	0	0	0	1	0

注：1代表该订单中有这个菜，0代表该订单中没有这个菜

订单二元表

图 3-24　选择单元格区域 A1:H1

2. 选择一种颜色填充单元格区域

在【开始】选项卡的【字体】命令组中，单击 按钮的倒三角符号，如图 3-25 所示，选择【蓝色】，即可用蓝色填充单元格区域 A1:H1，效果如图 3-26 所示。

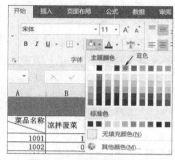

图 3-25　选择填充颜色

订单二元表							
菜品名称 订单	凉拌菠菜	凉拌萝卜丝	凉拌蒜蓉西兰花	麻辣小龙虾	焖猪手	五色糯米饭	香菇鹌鹑蛋
1001	1	0	1	1	1	0	1
1002	0	0	0	0	0	0	0
1004	1	0	0	0	0	0	0
1006	1	0	0	0	0	0	0
1007	0	1	0	0	0	0	1
1008	1	1	1	1	0	0	1
1009	1	0	0	1	0	0	1
1010	1	0	1	0	0	0	1
1011	1	0	1	0	0	0	1
1012	0	0	0	0	0	1	0
1013	1	0	0	0	1	1	0
1014	1	0	1	1	1	1	1

注：1代表该订单中有这个菜，0代表该订单中没有这个菜

订单二元表

图 3-26　用蓝色填充单元格区域 A1:H1 后的效果

　　若要删除单元格的底纹，则选择要删除底纹的单元格区域，在图 3-25 所示的下拉列表中选择【无填充颜色】命令即可。

3.4.2　用双色填充字段名

　　在【订单二元表】工作表中用白色和蓝色填充单元格区域 B2:H2 的具体步骤如下。

1. 选择单元格区域

　　在【订单二元表】工作表中，选择单元格区域 B2:H2，如图 3-27 所示。

订单二元表							
菜品名称 订单	凉拌菠菜	凉拌萝卜丝	凉拌蒜蓉西兰花	麻辣小龙虾	焖猪手	五色糯米饭	香菇鹌鹑蛋
1001	1	0	1	1	1	0	1
1002	0	0	0	0	0	0	0
1004	1	0	0	0	0	0	0
1006	1	0	0	0	0	0	0
1007	0	1	0	0	0	0	1
1008	1	1	1	1	0	0	1
1009	1	0	0	1	0	0	1
1010	1	0	1	0	0	0	1
1011	1	0	1	0	0	0	1
1012	0	0	0	0	0	1	0
1013	1	0	0	0	1	1	0
1014	1	0	1	1	1	1	1

注：1代表该订单中有这个菜，0代表该订单中没有这个菜

订单二元表

图 3-27　选择单元格区域 B2:H2

2. 打开【填充效果】对话框

单击【开始】选项卡的【字体】命令组右下角的 ⌐ 按钮，弹出【设置单元格格式】对话框，打开【填充】选项卡，单击【填充效果】按钮，弹出【填充效果】对话框，如图 3-28 所示。

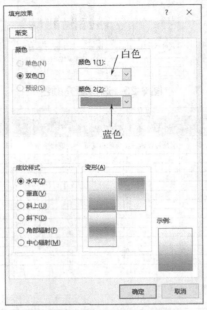

图 3-28　【填充效果】对话框

3. 选择要填充的两种颜色

在【填充效果】对话框中单击【颜色1】下拉框的 ∨ 按钮，在下拉列表中选择【白色】，如图 3-29 所示。单击【颜色2】下拉框的 ∨ 按钮，在下拉列表中选择【蓝色】，如图 3-30 所示。

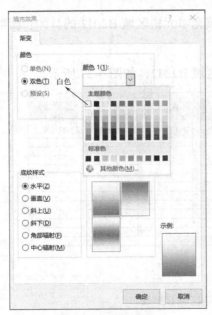

图 3-29　选择白色

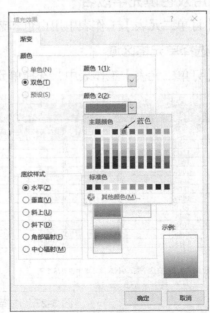

图 3-30　选择蓝色

4. 确定用双色填充单元格区域

单击【确定】按钮回到【设置单元格格式】对话框，如图 3-31 所示，单击【确定】按钮即可用双色填充单元格，效果如图 3-32 所示。

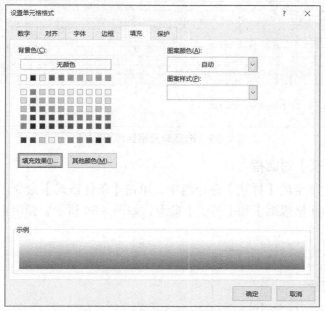

图 3-31　回到【设置单元格格式】对话框

订单\菜品名称	凉拌菠菜	凉拌萝卜丝	凉拌蒜蓉西兰花	麻辣小龙虾	焖猪手	五色糯米饭	香菇鹌鹑蛋
1001	1	0	1	1	1	0	1
1002	0	0	0	0	0	0	0
1004	1	0	0	0	0	0	0
1006	1	0	0	0	0	0	0
1007	0	1	0	0	0	0	1
1008	1	1	1	1	0	1	1
1009	0	0	1	0	0	0	0
1010	1	0	1	0	0	0	1
1011	0	0	0	0	0	0	0
1012	0	1	0	0	0	0	0
1013	1	0	0	0	1	1	0
1014	0	0	1	0	0	1	0

注：1代表该订单中有这个菜，0代表该订单中没有这个菜

订单二元表

图 3-32　用白色和蓝色填充单元格后的效果

3.5　突出显示数值为1的单元格

为了方便查找特定的数值，常对单元格进行突出显示特定数值设置，突出显示特定数值设置一般采用比较运算符来进行，比较运算符有大于、小于、介于和等于。在【订单二元表】工作表中，突出显示数值为 1 的单元格，具体的操作步骤如下。

1. 选择单元格区域

在【订单二元表】工作表中选择单元格区域 B3:H14，如图 3-33 所示。

菜品名称\订单	凉拌菠菜	凉拌萝卜丝	凉拌蒜蓉西兰花	麻辣小龙虾	焖猪手	五色糯米饭	香菇鹌鹑蛋
1001	1	0	1	1	1	0	1
1002	0	0	0	0	0	0	0
1004	1	0	1	0	0	0	0
1006	1	0	0	0	0	0	0
1007	0	1	0	0	0	0	1
1008	1	1	1	0	0	0	0
1009	0	0	1	0	1	0	0
1010	1	0	1	0	1	0	0
1011	0	0	1	0	0	0	0
1012	0	0	0	0	1	0	0
1013	1	0	0	0	1	0	0
1014	1	0	0	0	0	0	0

注：1代表该订单中有这个菜，0代表该订单中没有这个菜

图 3-33　选择单元格区域 B3:H14

2. 打开【大于】对话框

在【开始】选项卡的【样式】命令组中，单击【条件格式】命令，在下拉列表中依次选择【突出显示单元格规则】和【等于】命令，如图 3-34 所示，弹出【等于】对话框，如图 3-35 所示。

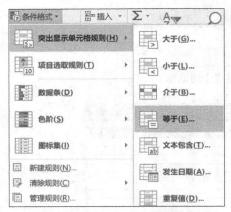

图 3-34　突出显示单元格规则

图 3-35　【等于】对话框

3. 设置参数

在【等于】对话框左侧的文本框中输入"1"，单击 按钮，在下拉列表中选择【浅红填充色深红色文本】，如图 3-36 所示。

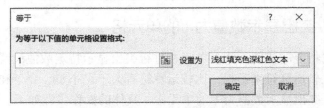

图 3-36　设置【等于】对话框参数

4. 确定设置

单击【确定】按钮，即可用浅红色填充数值为 1 的单元格，效果如图 3-37 所示。

图 3-37　突出显示数值为 1 的单元格后的效果

3.6　技能拓展

Excel 2016 为工作表的格式设置提供了多项设置功能，现有一个【订单信息】工作表，部分信息如图 3-38 所示，分别对【订单信息】工作表的格式进行设置，包括隐藏行或列、冻结行或列、用图案填充单元格、突出显示重复值、设置数据条、设置色阶和设置图标集。

图 3-38　【订单信息】工作表

1. 隐藏行或列

在工作表中可以隐藏行或列，以便更好地显示所有的内容。在【订单信息】工作表中隐藏首行，具体的操作步骤如下。

（1）选择单元格

在【订单信息】工作表中，选择单元格 A1。

（2）选择【隐藏和取消隐藏】命令

在【开始】选项卡的【单元格】命令组中，单击【格式】命令，在下拉列表中选择【隐藏和取消隐藏】命令，如图 3-39 所示。

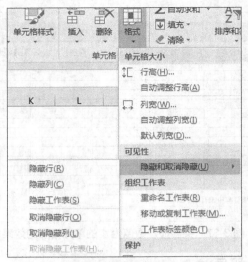

图 3-39　【隐藏和取消隐藏】命令

（3）选择【隐藏行】命令

在【隐藏和取消隐藏】命令的子菜单中选择【隐藏行】命令即可隐藏工作表的第 1 行，效果如图 3-40 所示。

	A	B	C	D	E	F	G
2	201608010417	苗宇怡	私房小站（盐田分店）	深圳	165	1	2016/8/1 11:11
3	201608010301	李靖	私房小站（罗湖分店）	深圳	321	1	2016/8/1 11:31
4	201608010413	卓永梅	私房小站（盐田分店）	深圳	854	1	2016/8/1 12:54
5	201608010417	张大鹏	私房小站（罗湖分店）	深圳	466	1	2016/8/1 13:08
6	201608010392	李小东	私房小站（番禺分店）	广州	704	1	2016/8/1 13:07
7	201608010381	沈晓雯	私房小站（天河分店）	广州	239	1	2016/8/1 13:23
8	201608010429	苗泽坤	私房小站（福田分店）	深圳	699	1	2016/8/1 13:34
9	201608010433	李达明	私房小站（番禺分店）	广州	511	1	2016/8/1 13:50
10	201608010569	蓝娜	私房小站（盐田分店）	深圳	326	1	2016/8/1 17:18
11	201608010655	沈丹丹	私房小站（顺德分店）	佛山	263	1	2016/8/1 17:44
12	201608010577	冷亮	私房小站（天河分店）	广州	380	1	2016/8/1 17:50
13	201608010622	徐骏太	私房小站（天河分店）	广州	164	1	2016/8/1 17:47
14	201608010651	高僖桐	私房小站（盐田分店）	深圳	137	1	2016/8/1 18:20
15	201608010694	朱钰	私房小站（天河分店）	广州	819	1	2016/8/1 18:37
16	201608010462	孙新潇	私房小站（福田分店）	深圳	431	1	2016/8/1 18:49

订单信息

图 3-40　隐藏行后的效果

如果在【隐藏和取消隐藏】命令的子菜单中选择【隐藏列】命令，则可隐藏工作表 A 列。

若要显示隐藏的行，可进行以下操作。

（1）选择单元格。若要显示隐藏的行（首行除外），可以选择要显示的行的上一行和下一行，若要显示隐藏的首行，可以在【名称框】中输入 A1。

（2）选择【取消隐藏行】命令。在【隐藏和取消隐藏】命令的子菜单中选择【取消隐藏行】命令即可。

显示隐藏列的操作类似显示隐藏行的操作。

2. 冻结行或列

在工作表中，可以冻结选定的行或列，使选定的行或列锁定在工作表上，在滑动滚动条时仍然可以看见这些行或列，以便更好地显示所有的内容。在【订单信息】工作表中冻结首行，具体的操作如下。

（1）选择单元格

在【订单信息】工作表中选择任一非空单元格。

（2）单击【冻结窗格】命令

在【视图】选项卡的【窗口】命令组中，单击【冻结窗格】命令，如图 3-41 所示。

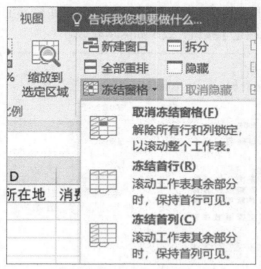

图 3-41　【冻结窗格】命令

（3）选择【冻结首行】命令

在图 3-41 所示的下拉列表中选择【冻结首行】命令，即可冻结工作表首行，效果如图 3-42 所示。

	A	B	C	D	E	F	G	H
1	订单号	会员名	店铺名	店铺所在地	消费金额	是否结算	结算时间	
2	2016080010417	苗宇怡	私房小站（盐田分店）	深圳	165	1	2016/8/1 11:11	
3	2016080010301	李靖	私房小站（罗湖分店）	深圳	321	1	2016/8/1 11:31	
4	2016080010413	卓永梅	私房小站（盐田分店）	深圳	854	1	2016/8/1 12:54	
5	2016080010417	张大鹏	私房小站（罗湖分店）	深圳	466	1	2016/8/1 13:08	
6	2016080010392	李小东	私房小站（番禺分店）	广州	704	1	2016/8/1 13:07	
7	2016080010381	沈晓雯	私房小站（天河分店）	广州	239	1	2016/8/1 13:23	
8	2016080010429	苗泽坤	私房小站（福田分店）	深圳	699	1	2016/8/1 13:34	
9	2016080010433	李达明	私房小站（番禺分店）	广州	511	1	2016/8/1 13:50	
10	2016080010569	蓝娜	私房小站（盐田分店）	深圳	326	1	2016/8/1 17:18	
11	2016080010655	沈丹丹	私房小站（顺德分店）	佛山	263	1	2016/8/1 17:44	
12	2016080010577	冷亮	私房小站（天河分店）	广州	380	1	2016/8/1 17:50	
13	2016080010622	徐骏太	私房小站（天河分店）	广州	164	1	2016/8/1 17:47	
14	2016080010651	高僖桐	私房小站（盐田分店）	深圳	137	1	2016/8/1 18:20	
15	2016080010694	朱钰	私房小站（天河分店）	广州	819	1	2016/8/1 18:37	

订单信息

图 3-42　冻结首行后的效果

如果在图 3-41 所示的下拉列表中选择【冻结首列】命令，则可以冻结工作表首列。如果在图 3-41 所示的下拉列表中选择【冻结拆分窗格】命令，则所选择的单元格左边的列和上边的行都会被冻结。

3．用图案填充单元格

在【订单信息】工作表中用图案填充单元格区域 A1:G1 的具体操作步骤如下。

（1）选择单元格区域

在【订单二元表】工作表中，选择单元格区域 A1:G1。

（2）选择一个图案样式填充单元格区域

单击【开始】选项卡的【字体】命令组右下角的 ⌐ 按钮，弹出【设置单元格格式】对话框，在【填充】选项卡的【图案样式】下拉框中单击 ⌄ 按钮，在下拉列表中选择 ⸬ 样式，如图 3-43 所示，单击【确定】按钮，效果如图 3-44 所示。

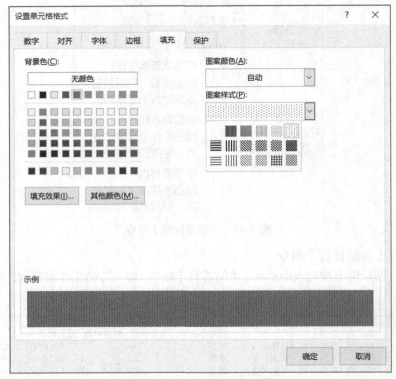

图 3-43　用图案填充单元格

	A	B	C	D	E	F	G
1	订单号	会员名	店铺名	店铺所在地	消费金额	是否结算	结算时间
2	201608010417	苗宇怡	私房小站（盐田分店）	深圳	165	1	2016/8/1 11:11
3	201608010301	李靖	私房小站（罗湖分店）	深圳	321	1	2016/8/1 11:31
4	201608010413	卓永梅	私房小站（盐田分店）	深圳	854	1	2016/8/1 12:54
5	201608010417	张大鹏	私房小站（罗湖分店）	深圳	466	1	2016/8/1 13:08
6	201608010392	李小东	私房小站（番禺分店）	广州	704	1	2016/8/1 13:07
7	201608010381	沈晓雯	私房小站（天河分店）	广州	239	1	2016/8/1 13:23
8	201608010429	苗泽坤	私房小站（福田分店）	深圳	699	1	2016/8/1 13:34
9	201608010433	李达明	私房小站（番禺分店）	广州	511	1	2016/8/1 13:50
10	201608010569	蓝娜	私房小站（盐田分店）	深圳	326	1	2016/8/1 17:18
11	201608010655	沈丹丹	私房小站（顺德分店）	佛山	263	1	2016/8/1 17:44
12	201608010577	冷亮	私房小站（天河分店）	广州	380	1	2016/8/1 17:50

订单信息

图 3-44　用图案填充单元格后的效果

4．突出显示重复值

为了方便查找重复值，常对单元格进行突出显示重复值设置。在【订单信息】工作表中，突出显示订单号有重复值的单元格，具体操作步骤如下。

（1）选择单元格区域

在【订单信息】工作表中选择单元格区域 A 列，如图 3-45 所示。

	A	B	C	D	E	F	G
1	订单号	会员名	店铺名	店铺所在地	消费金额	是否结算	结算时间
2	201608010417	苗宇怡	私房小站（盐田分店）	深圳	165	1	2016/8/1 11:11
3	201608010301	李靖	私房小站（罗湖分店）	深圳	321	1	2016/8/1 11:31
4	201608010413	卓永梅	私房小站（盐田分店）	深圳	854	1	2016/8/1 12:54
5	201608010417	张大鹏	私房小站（罗湖分店）	深圳	466	1	2016/8/1 13:08
6	201608010392	李小东	私房小站（番禺分店）	广州	704	1	2016/8/1 13:07
7	201608010381	沈晓雯	私房小站（天河分店）	广州	239	1	2016/8/1 13:23
8	201608010429	苗泽坤	私房小站（福田分店）	深圳	699	1	2016/8/1 13:34
9	201608010433	李达明	私房小站（番禺分店）	广州	511	1	2016/8/1 13:50
10	201608010569	蓝娜	私房小站（盐田分店）	深圳	326	1	2016/8/1 17:18
11	201608010655	沈丹丹	私房小站（顺德分店）	佛山	263	1	2016/8/1 17:44
12	201608010577	冷亮	私房小站（天河分店）	广州	380	1	2016/8/1 17:50
13	201608010622	徐骏太	私房小站（天河分店）	广州	164	1	2016/8/1 17:47
14	201608010651	高僖桐	私房小站（盐田分店）	深圳	137	1	2016/8/1 18:20
15	201608010694	朱钰	私房小站（天河分店）	广州	819	1	2016/8/1 18:37

图 3-45　选择单元格区域 A 列

（2）打开【重复值】对话框

在【开始】选项卡的【样式】命令组中，单击【条件格式】命令，在下拉列表中依次选择【突出显示单元格规则】和【重复值】命令，如图 3-46 所示，弹出【重复值】对话框，如图 3-47 所示。

图 3-46　突出显示重复值单元格

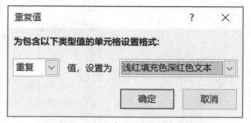

图 3-47　【重复值】对话框

（3）设置参数和确定设置

在【重复值】对话框中，单击左侧下拉框的 ∨ 按钮，在下拉列表中选择【重复】；单击右侧下拉框的 ∨ 按钮，在下拉列表中选择【浅红填充色深红色文本】；单击【确定】按钮，则可将订单号有重复值的单元格填充为浅红色，效果如图 3-48 所示。

	A	B	C	D	E	F	G
1	订单号	会员名	店铺名	店铺所在地	消费金额	是否结算	结算时间
2	201608010417	苗宇怡	私房小站（盐田分店）	深圳	165	1	2016/8/1 11:11
3	201608010301	李靖	私房小站（罗湖分店）	深圳	321	1	2016/8/1 11:31
4	201608010413	卓永梅	私房小站（盐田分店）	深圳	854	1	2016/8/1 12:54
5	201608010417	张大鹏	私房小站（罗湖分店）	深圳	466	1	2016/8/1 13:08
6	201608010392	李小东	私房小站（番禺分店）	广州	704	1	2016/8/1 13:07
7	201608010381	沈晓雯	私房小站（天河分店）	广州	239	1	2016/8/1 13:23
8	201608010429	苗泽坤	私房小站（福田分店）	深圳	699	1	2016/8/1 13:34
9	201608010433	李达明	私房小站（番禺分店）	广州	511	1	2016/8/1 13:50
10	201608010569	蓝娜	私房小站（盐田分店）	深圳	326	1	2016/8/1 17:18
11	201608010655	沈丹丹	私房小站（顺德分店）	佛山	263	1	2016/8/1 17:44
12	201608010577	冷亮	私房小站（天河分店）	广州	380	1	2016/8/1 17:50
13	201608010622	徐骏太	私房小站（天河分店）	广州	164	1	2016/8/1 17:47
14	201608010651	高僖桐	私房小站（盐田分店）	深圳	137	1	2016/8/1 18:20
15	201608010694	朱钰	私房小站（天河分店）	广州	819	1	2016/8/1 18:37

订单信息

图 3-48　突出显示重复值单元格后的效果

5. 设置数据条

在观察大量数据中的较高值和较低值时，数据条尤其有用。数据条可以直观地对比单元格的值的大小，数据条的长度代表单元格中值的大小，数据条越长，表示值越高。

在【订单信息】工作表中，使用【蓝色数据条】直观显示消费金额数据，具体的操作步骤如下。

（1）选择单元格区域

在【订单信息】工作表中选择单元格区域 E 列。

（2）打开【数据条】命令

在【开始】选项卡的【样式】命令组中，单击【条件格式】命令，在下拉列表中选择【数据条】命令，如图 3-49 所示。

图 3-49　数据条的设置

（3）选择数据条

单击图 3-49 所示的第 1 个图标，即可使用【蓝色数据条】直观显示消费金额数据，效果如图 3-50 所示。

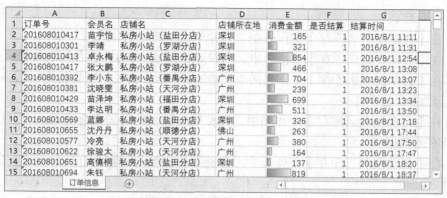

图 3-50　设置数据条后的效果

6. 设置色阶

色阶能够让用户直观地了解数据的分布和变化。色阶刻度一般分为两种或三种，颜色的深浅代表值的大小，一种颜色越多代表包含在这个范围内的值越多。

设置色阶和设置数据条的操作相似，其操作为，在【开始】选项卡的【样式】命令组中，单击【条件格式】命令，在下拉列表中选择【色阶】命令，在子菜单中选择相应的色阶图标即可。

7. 设置图标集

图标集可以对数据进行注释，按值的大小把数据划分为 3 到 5 个类别，每个图标代表一个值的范围。

设置图标和设置数据条的操作相似，其操作为，在【开始】选项卡的【样式】命令组中，单击【条件格式】命令，在下拉列表中选择【图标集】命令，在子菜单中选择相应的图标即可。

3.7　技能训练

1. 训练目的

现有一个【自动便利店库存】工作表，如图 3-51 所示。为了美化【自动便利店库存】工作表，现对其进行格式设置，包括合并单元格、设置边框、调整行高和列宽、设置单元格底纹和突出显示库存数小于 10 的单元格。

	A	B	C	D	E	F	G	H
1	自动便利店库存							
2		统一阿萨姆奶茶	可乐可乐	雀巢咖啡	雪碧	盼盼手撕面包	双汇玉米热狗肠	
3	天河区自助便利店	6	5	36	72	55	60	
4	白云区自助便利店	42	90	87	61	26	19	
5	黄浦区自助便利店	73	92	4	16	76	58	
6	越秀区自助便利店	69	26	92	13	47	5	
7	荔湾区自助便利店	39	35	45	94	72	86	
8	南沙区自助便利店	10	59	51	29	7	56	
9	番禺区自助便利店	69	71	43	29	84	79	
10	花都区自助便利店	2	90	93	11	72	42	
11	海珠区自助便利店	88	4	49	89	65	83	
12								
13	注：表中的数字代表库存数							
14								

自动便利店库存

图 3-51　【自动便利店库存】工作表

2. 训练要求

（1）在【自动便利店库存】工作表中，合并单元格区域 A1:G1。

（2）在【自动便利店库存】工作表中，为单元格区域 A1:G11 添加所有框线。

（3）在【自动便利店库存】工作表的单元格 A2 中依次输入"商品品类""店铺"。

（4）添加斜向边框。

（5）在【自动便利店库存】工作表中，调整数据区域的行高为合适的大小，以便更好地观察所有的数据。

（6）在【自动便利店库存】工作表中，调整数据区域的列宽为合适的大小，以便观察所有的列名。

（7）在【自动便利店库存】工作表中用黄色填充单元格区域 A1:G1。

（8）在【自动便利店库存】工作表中用红色和黄色填充单元格区域 B2:G2。

（9）在【自动便利店库存】工作表中突出显示库存数小于 10 的单元格。

项目 ④ 获取文本数据

技能目标

能导入文本数据。

知识目标

（1）了解哪些文本数据可以获取。
（2）掌握导入文本数据的方法。

项目背景

某餐饮企业的员工需要用 Excel 2016 对客户信息进行统计分析，以便了解客户需求，更好地服务客户和改善企业的经营管理。该企业的客户信息存放在"客户信息.txt"文件中。

项目目标

在 Excel 2016 中导入"客户信息.txt"数据。

项目分析

（1）在 Excel 2016 中找到获取文本数据的相关命令。
（2）导入"客户信息.txt"数据。

4.1 获取客户信息数据

在 Excel 2016 中导入"客户信息.txt"数据的具体操作步骤如下。

1. 打开【导入文本文件】对话框

新建一个空白工作簿，在【数据】选项卡的【获取外部数据】命令组中，单击【自文本】命令，如图 4-1 所示，弹出【导入文本文件】对话框，如图 4-2 所示。

图 4-1 【自文本】命令

图 4-2 【导入文本文件】对话框

2. 选择要导入数据的 TXT 文件

在【导入文本文件】对话框中，选择"客户信息.txt"数据，单击【导入】按钮，弹出【文本导入向导-第 1 步，共 3 步】对话框，如图 4-3 所示。

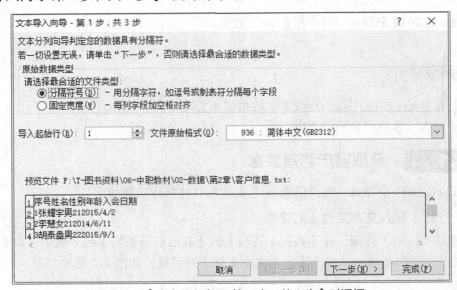

图 4-3 【文本导入向导-第 1 步，共 3 步】对话框

3. 选择最合适的文件类型

在【文本导入向导-第 1 步, 共 3 步】对话框中, 默认选择【分隔符号】单选项, 单击【下一步】按钮, 弹出【文本导入向导-第 2 步, 共 3 步】对话框, 如图 4-4 所示。

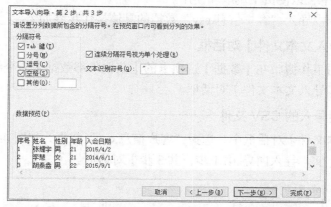

图 4-4 【文本导入向导-第 2 步, 共 3 步】对话框

4. 选择合适的分隔符号

在【文本导入向导-第 2 步, 共 3 步】对话框中, 勾选【空格】复选框, 单击【下一步】按钮, 弹出【文本导入向导-第 3 步, 共 3 步】对话框, 如图 4-5 所示。

5. 选择数据格式

在【文本导入向导-第 3 步, 共 3 步】对话框中, 默认选择【常规】单选项。

6. 设置数据的放置位置并确定导入数据

单击图 4-5 所示的【完成】按钮, 在弹出的【导入数据】对话框中默认选择【现有工作表】单选项, 单击 按钮, 选择单元格 A1, 再次单击 按钮, 如图 4-6 所示, 单击【确定】按钮。

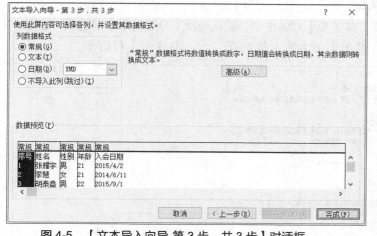

图 4-5 【文本导入向导-第 3 步, 共 3 步】对话框

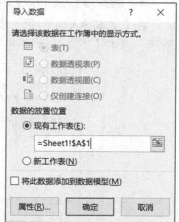

图 4-6 【导入数据】对话框

导入数据后, Excel 会将导入的数据作为外部数据区域, 当原始数据有改动时, 可以单击【获取外部数据】命令组的【全部刷新】按钮刷新数据, 此时 Excel 中的数据会变成改动后的原始数据。

4.2 技能拓展

常见的文本数据的格式除了 TXT 以外，还有 CSV。某企业常常把客户信息存放在"客户信息.csv"文件中，以便员工调取和使用。

在 Excel 2016 中导入"客户信息.csv"数据的具体操作步骤如下。

1. 打开【导入文本文件】对话框

新建一个空白工作簿，在【数据】选项卡的【获取外部数据】命令组中，单击【自文本】命令，弹出【导入文本文件】对话框。

2. 选择需要导入的 CSV 文件

在【导入文本文件】对话框中，选择"客户信息.csv"数据，如图 4-7 所示，单击【导入】按钮，弹出【文本导入向导-第 1 步，共 3 步】对话框。

图 4-7　【导入文本文件】对话框

3. 选择最合适的数据类型

在【文本导入向导-第 1 步，共 3 步】对话框中，默认选择【分隔符号】单选项，如图 4-8 所示，单击【下一步】按钮，弹出【文本导入向导-第 2 步，共 3 步】对话框。

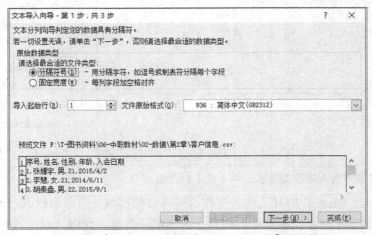

图 4-8　【文本导入向导-第 1 步，共 3 步】对话框

4. 选择合适的分隔符号

在【文本导入向导-第 2 步，共 3 步】对话框中，勾选【逗号】复选框，如图 4-9 所示，单击【下一步】按钮，弹出【文本导入向导-第 3 步，共 3 步】对话框。

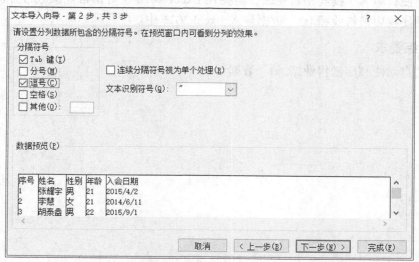

图 4-9 【文本导入向导-第 2 步，共 3 步】对话框

5. 选择数据格式

在【文本导入向导-第 3 步，共 3 步】对话框中，默认选择【常规】单选项，如图 4-10 所示，单击【完成】按钮。

6. 设置数据的放置位置并确定导入数据

单击图 4-10 所示的【完成】按钮，在弹出的【导入数据】对话框中默认选择【现有工作表】单选项，单击 按钮，选择单元格 A1，再次单击 按钮，如图 4-11 所示，单击【确定】按钮。

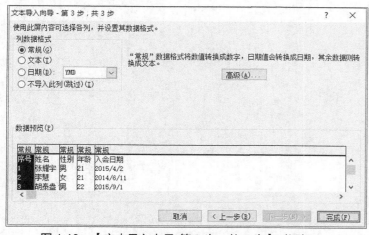

图 4-10 【文本导入向导-第 3 步，共 3 步】对话框

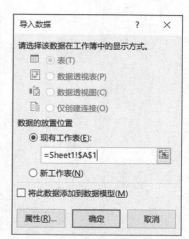

图 4-11 【导入数据】对话框

4.3 技能训练

1. 训练目的

某自动便利店为了提高销售业绩，需要在 Excel 2016 中对销售业绩进行分析，所以需要把"自动便利店销售业绩.txt"数据导入 Excel 2016 中。

2. 训练要求

导入"自动便利店销售业绩.txt"数据。

项目 ❺ 获取网站数据

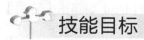

技能目标

能导入网站数据。

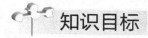

知识目标

掌握导入网站数据的方法。

项目背景

某机构为了查看北京的经济总体状况，需要获取北京的生产总值。经调查，在北京市统计局网站中有公布的该地区的生产总值。

项目目标

在 Excel 2016 中，获取北京市统计局网站的 2018 年 1 季度的地区生产总值数据。

项目分析

（1）在 Excel 2016 中找到获取网站数据的命令。
（2）选择网站的数据。
（3）导入网站的数据。

5.1　获取北京市统计局网站数据

在 Excel 2016 中，导入北京市统计局网站的 2018 年 1 季度地区生产总值数据，具体的操作步骤如下。

1. 打开【新建 Web 查询】对话框

新建一个空白工作簿，在【数据】选项卡的【获取外部数据】命令组中，单击【自网站】命令，如图 5-1 所示，弹出【新建 Web 查询】对话框。

Excel 数据获取与处理

图 5-1　选择【自网站】命令

2．打开北京市统计局网站

在【新建 Web 查询】对话框的【地址】文本框中手动输入或者复制粘贴网址 "http://www.bjstats.gov.cn/tjsj/yjdsj/GDP/2018/201804/t20180419_396471.html"，单击【转到】按钮，如图 5-2 所示。

图 5-2　【新建 Web 查询】对话框

此时可能会弹出【脚本错误】对话框，如图 5-3 所示，这个与插件运行有关，单击【是】或【否】按钮。

图 5-3　【脚本错误】对话框

3．选择网站数据

转到北京市统计局网站后，滑动【新建 Web 查询】对话框右侧和下方的滚动条到合适的位置。单击"2018 年 1 季度"表格左上方的 按钮，使之变成 按钮，如图 5-4 所示。

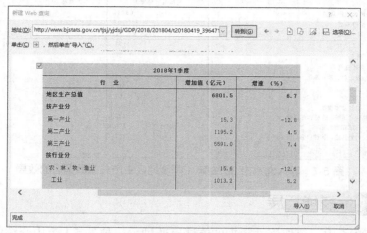

图 5-4 选取所需数据的表格

网页中会有多个 按钮，一般一个数据表对应的 按钮在其左上角，可以单击 按钮查看其对应的数据区域，若单击整个网页左上角的 按钮，则 Excel 会下载整个网页的文本内容。

4．设置数据导入格式

单击图 5-4 所示的【选项】按钮，弹出【Web 查询选项】对话框，选择【完全 HTML 格式】单选项，如图 5-5 所示，单击【确定】按钮。

如果选择【无】单选项，则导入的数据将以文本格式[1]显示在 Excel 中。

如果选择【仅 RTF 格式】单选项，则导入的数据将以 RTF 格式[2]显示在 Excel 中。

如果选择【完全 HTML 格式】单选项，则导入的数据将以 HTML 格式[3]显示在 Excel 中。

5．设置数据的放置位置并导入数据

返回到图 5-4 所示的界面，单击【导入】按钮，弹出【导入数据】对话框，默认选择【现有工作表】单选项，单击 按钮，选择单元格 A1，再次单击 按钮，如图 5-6 所示。单击【确定】按钮，即可在 Excel 2016 中导入网站数据，如图 5-7 所示。

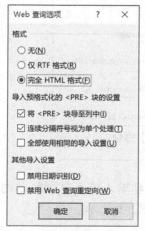

图 5-5 【Web 查询选项】对话框

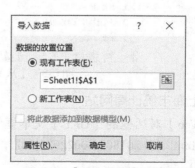

图 5-6 【导入数据】对话框

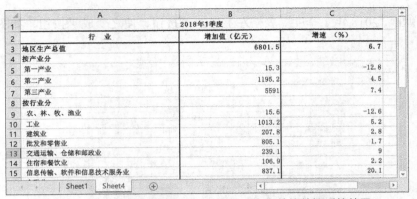

图 5-7　导入北京市 2018 年 1 季度地区生产总值数据后的效果

5.2　技能拓展

在 Excel 2016 中，获取网站数据的方法有两种，一种是 5.1 节中介绍的方法，另一种是通过【新建查询】命令导入。

获取上海市统计局网站的 2018 年上半年的上海市生产总值数据，具体的操作步骤如下。

1. 打开【从 Web】对话框

新建一个空白工作簿，在【数据】选项卡的【获取和转换】命令组中，单击【新建查询】命令，在下拉列表中依次选择【从其他源】和【从 Web】命令，如图 5-8 所示，弹出【从 Web】对话框。

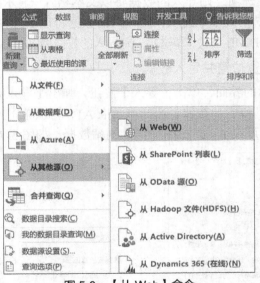

图 5-8　【从 Web】命令

2. 打开上海市统计局网站

在【从 Web】对话框的【URL】文本框中手动输入或者复制粘贴网址 "http://www.stats-sh.gov.cn/html/sjfb/201807/1002292.html"，如图 5-9 所示。

图 5-9 【从 Web】对话框

3. 选择和导入数据表

单击【确定】按钮，弹出【导航器】对话框，在【显示选项】列表框中选择【Table()】，如图 5-10 所示，单击【加载】按钮，即可在 Excel 2016 中导入网站数据，如图 5-11 所示。

图 5-10 【导航器】对话窗

	A	B	C	D	E	F	G
1	Column1	Column2	Column3				
2	上海市生产总值	上海市生产总值	上海市生产总值				
3	2018年上半年	2018年上半年	2018年上半年				
4	指标名称	总量（亿元）	比上年同期增长（%）				
5	地区生产总值	15558.15	6.9				
6	第一产业	38.15	-5.0				
7	第二产业	4758.03	5.8				
8	第三产业	10761.97	7.4				
9	# 农林牧渔业	41.10	-0.3				
10	工业	4304.28	6.4				
11	建筑业	470.20	0.0				
12	批发和零售业	2226.57	4.7				
13	交通运输、仓储和邮政业	758.60	14.3				
14	住宿和餐饮业	228.12	2.0				
15	金融业	2917.74	5.2				
16	房地产业	778.42	6.4				
17							
18							

Sheet1 Sheet2 ⊕

图 5-11 导入上海市 2018 年上半年的生产总值数据后的效果

5.3 技能训练

1. 训练目的

为了统计分析广州市第六次人口普查的结果，需要在 Excel 2016 中，导入广州市统计局网站中的数据。

2. 训练要求

通过【数据】选项卡的【获取外部数据】命令组中的【自网站】命令，获取广州市各地区户数、人口数和性别比的数据。

项目⑥ 获取 MySQL 数据库中的数据

技能目标

能通过数据源将 MySQL 数据库中的数据导入 Excel 中。

知识目标

（1）掌握新建和连接 MySQL 数据源的方法。
（2）掌握导入 MySQL 数据库中的数据的方法。

项目背景

某餐饮企业搞活动，需要获取各会员的电话，以便通过短信邀请各会员，该餐饮企业会员的电话信息保存在 MySQL 数据库的 "info" 数据中。

项目目标

在电脑中新建一个 MySQL 数据源，并通过 Excel 2016 进行连接，然后在 Excel 2016 中导入 MySQL 数据库的 "info" 数据。

项目分析

（1）新建一个 MySQL 数据源。
（2）通过 Excel 2016 连接 MySQL 数据源。
（3）导入 "info" 的数据。

6.1 新建 MySQL 数据源

在计算机中，新建 MySQL 数据源，并进行连接，具体操作步骤如下。

1. 打开【ODBC 数据源（64 位）】对话框

在电脑的【开始】菜单中打开【控制面板】窗口，依次选择【系统和安全】和【管理工具】菜单。弹出【管理工具】窗口，如图 6-1 所示，双击【ODBC 数据源（64 位）】程序，弹出【ODBC 数据源管理程序（64 位）】对话框，如图 6-2 所示。

图 6-1 【管理工具】窗口

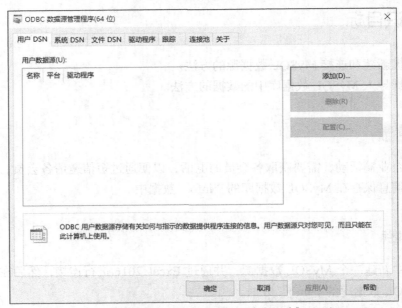

图 6-2 【ODBC 数据源管理程序（64 位）】对话框

如果是 64 位操作系统的电脑，则选择【ODBC 数据源（32 位）】或【ODBC 数据源（64 位）】程序都可以；如果是 32 位操作系统的电脑，则只能选择【ODBC 数据源（32 位）】程序。

2. 打开【创建新数据源】对话框

在【ODBC 数据源管理程序（64 位）】对话框中单击【添加】按钮，弹出【创建新数据源】对话框，如图 6-3 所示。

3. 打开【MySQL Connector/ODBC Data Source Configuration】对话框

在【创建新数据源】对话框中，选择【选择您想为其安装数据源的驱动程序】列表框中【MySQL ODBC 8.0 Unicode Driver】选项，单击【完成】按钮，弹出【MySQL Connector/ODBC Data Source Configuration】对话框，如图 6-4 所示，其中每个英文名词的解释如下。

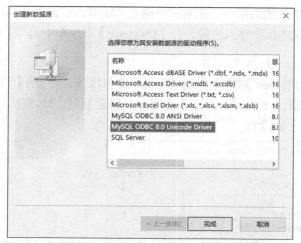

图 6-3 【创建新数据源】对话框

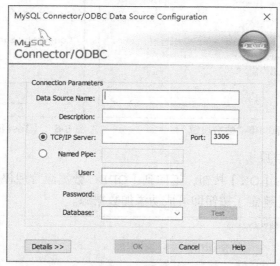

图 6-4 【MySQL Connector/ODBC Data Source Configuration】对话框

（1）Data Source Name 表示数据源名称，在【Data Source Name】文本框中输入的是自定义名称。

（2）Description 表示描述，在【Description】文本框中输入的是对数据源的描述。

（3）TCP/IP Server 表示 TCP/IP 服务器，在【TCP/IP Server】单选项的第一个文本框中，如果数据库在本机的话，则输入 "localhost"（本机）；如果数据库不在本机，则需要输入数据库所在的 IP。

（4）User 和 Password 分别表示用户名和密码，这是在下载 MySQL 时自定义设置的。

（5）Database 表示数据库，在【Database】下拉框中可选择所需连接的数据库。

4．设置参数

在【MySQL Connector/ODBC Data Source Configuration】对话框的【Data Source Name】文本框中输入 "会员信息"，在【Description】文本框中输入 "某餐饮企业的会员信息"，

在【TCP/IP Server】单选项的第一个文本框中输入"localhost"，在【User】文本框中输入用户名，在【Password】文本框中输入密码，在【Database】下拉框中选择【data】，如图 6-5 所示。

5. 连接测试

单击图 6-5 所示的【Test】按钮，弹出【Test Result】对话框，若显示【Connection Successful】，则说明连接成功，如图 6-6 所示，单击【确定】按钮返回到【MySQL Connector/ODBC Data Source Configuration】对话框。

图 6-5　参数设置　　　　　　图 6-6　【Test Result】对话框

6. 确定添加数据源

单击图 6-5 所示的【OK】按钮，返回到【ODBC 数据源管理程序（64 位）】对话框，如图 6-7 所示，单击【确定】按钮即可成功添加数据源。

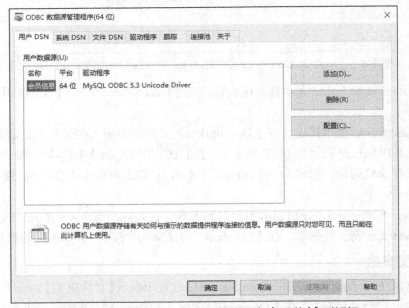

图 6-7　返回到【ODBC 数据源管理程序（64 位）】对话框

6.2   导入 MySQL 数据源的数据

在 Excel 2016 中导入 MySQL 数据源的数据，具体的操作步骤如下。

1. 打开【数据连接向导-欢迎使用数据连接向导】对话框

创建一个空白工作簿，在【数据】选项卡的【获取外部数据】命令组中，单击【自其他来源】命令，在下拉列表中选择【来自数据连接向导】命令，如图 6-8 所示，弹出【数据连接向导-欢迎使用数据连接向导】对话框，如图 6-9 所示。

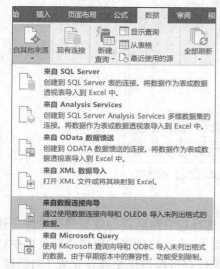

图 6-8   【来自数据连接向导】命令

图 6-9   【数据连接向导-欢迎使用数据连接向导】对话框

2. 选择要连接的数据源

在【数据连接向导-欢迎使用数据连接向导】对话框的【您想要连接哪种数据源】列表框中选择【ODBC DSN】选项，单击【下一步】按钮，弹出【数据连接向导-连接 ODBC 数据源】对话框，如图 6-10 所示。

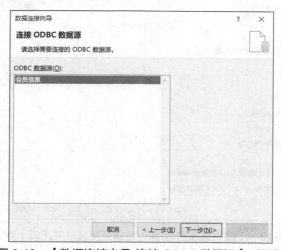

图 6-10   【数据连接向导-连接 ODBC 数据源】对话框

3. 选择要连接的 ODBC 数据源

在【数据连接向导-连接 ODBC 数据源】对话框的【ODBC 数据源】列表框中选择【会员信息】选项，单击【下一步】按钮，弹出【数据连接向导-选择数据库和表】对话框，如图 6-11 所示。

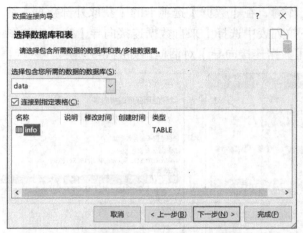

图 6-11 　【数据连接向导-选择数据库和表】对话框

4. 选择包含所需数据的数据库和表

在【数据连接向导-选择数据库和表】对话框的【选择包含您所需的数据的数据库】列表框中单击✓按钮，在下拉列表中选择【data】数据库，在【连接到指定表格】列表框中选择【info】，单击【下一步】按钮，弹出【数据连接向导-保存数据连接文件并完成】对话框，如图 6-12 所示。

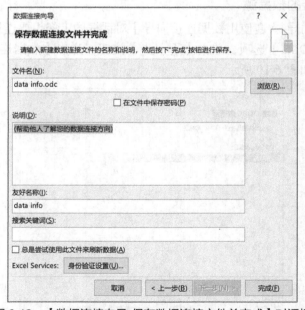

图 6-12 　【数据连接向导-保存数据连接文件并完成】对话框

5. 保存数据连接文件

在【数据连接向导-保存数据连接文件并完成】对话框中，默认的文件名为 "data info.odc"，单击【完成】按钮，弹出【导入数据】对话框，如图 6-13 所示。

6. 设置导入数据的显示方式和放置位置

在【导入数据】对话框中，默认选择【现有工作表】单选项，单击 📷 按钮，选择单元格 A1，再次单击 📷 按钮。

7. 确定导入 MySQL 数据源的数据

单击图 6-13 所示的【确定】按钮即可导入 MySQL 数据源的数据，如图 6-14 所示。

图 6-13   【导入数据】对话框

	A	B	C	D	E	F	G	H	I
1	会员号	会员名	性别	年龄	入会时间	手机号	会员星级		
2	982	叶亦凯	男	21	2014/8/18 21:41	18688880001	三星级		
3	984	张建涛	男	22	2014/12/24 19:26	18688880003	三星级		
4	986	莫子建	男	22	2014/9/11 11:38	18688880005	三星级		
5	987	易子歆	女	22	2015/2/24 21:25	18688880006	四星级		
6	988	郭仁泽	男	22	2014/11/21 21:45	18688880007	三星级		
7	989	唐莉	女	23	2014/10/29 21:52	18688880008	四星级		
8	990	张馥雨	女	22	2015/12/5 21:14	18688880009	四星级		
9	991	麦凯泽	男	21	2015/2/1 21:21	18688880010	三星级		
10	992	姜晗昱	男	22	2014/12/17 20:14	18688880011	三星级		
11	993	杨依萱	女	23	2015/10/16 20:24	18688880012	四星级		
12	994	刘乐瑶	女	21	2014/1/25 21:35	18688880013	四星级		
13	995	杨晓畅	男	49	2014/6/8 13:12	18688880014	三星级		
14	996	张昭阳	男	22	2014/1/11 18:16	18688880015	三星级		
15	997	徐子轩	女	22	2014/10/1 21:01	18688880016	三星级		

图 6-14   导入 MySQL 数据源的数据后的效果

6.3   技能拓展

除了 MySQL 数据库，PostgreSQL 数据库也是常用的数据库之一，在 Excel 中获取 PostgreSQL 数据库中的数据的方法与获取 MySQL 数据库的数据的方法相似。

在 Excel 中获取 PostgreSQL 数据库中的 "会员信息" 数据，具体方法如下。

1. 新建与连接 PostgreSQL 数据源

在计算机中，新建与连接 PostgreSQL 数据源的具体操作步骤如下。

（1）打开【ODBC 数据源管理程序（64 位）】对话框

在电脑的【开始】菜单中打开【控制面板】窗口，依次选择【系统和安全】和【管理工具】菜单。弹出【管理工具】窗口，双击【ODBC 数据源（64 位）】程序，弹出【ODBC 数据源管理程序（64 位）】对话框。

注意：如果是 32 位操作系统的电脑，则选择【ODBC 数据源（32 位）】程序。

（2）打开【创建新数据源】对话框

在【ODBC 数据源管理程序（64 位）】对话框中单击【添加】按钮，弹出【创建新数据源】对话框。

（3）打开【PostgreSQL Unicode ODBC Driver (psqlODBC) Setup】对话框

在【创建新数据源】对话框中，选择【选择您想为其安装数据源的驱动程序】列表框

Excel 数据获取与处理

中【PostgreSQL ODBC Driver(UNICODE)】选项,单击【完成】按钮,弹出【PostgreSQL Unicode ODBC Driver（psqlDBC）Setup】对话框,如图 6-15 所示,其中每个英文名词的解释如下。

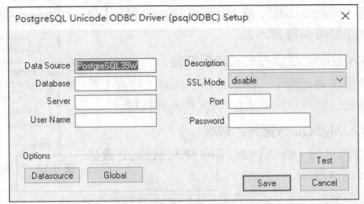

图 6-15　【PostgreSQL Unicode ODBC Driver（psqlDBC）Setup】对话框

① Data Source 表示数据源,在【Data Source】文本框中输入的是自定义名称。

② Description 表示描述,在【Description】文本框中输入的是对数据源的描述。

③ Database 表示数据库,在【Database】文本框中可输入所需连接的数据库。

④ SSL Mode 表示 SSL 模式,在【SSL Mode】下拉框中一般默认选择【disable】。

⑤ Server 表示服务器,在【Server】文本框中,如果数据库在本机,则输入 "localhost"（本机）。如果数据库不在本机,则输入数据库所在的 IP。

⑥ Port 表示端口,在【Port】文本框中可输入连接数据库的端口。

⑦ User Name 表示用户名,是在下载 PostgreSQL 时自定义设置的。

⑧ Password 表示密码,是在下载 PostgreSQL 时自定义设置的。

（4）设置参数

在【PostgreSQL Unicode ODBC Driver (psqlODBC) Setup】对话框的【Data Source】文本框中默认输入 "VIP info",在【Description】文本框中输入 "某餐饮店的会员信息",在【Database】文本框中输入 "postgres",在【Server】文本框中输入 "localhost",在【Port】文本框中输入 "5432",在【User Name】文本框中输入用户名,在【Password】文本框中输入密码,如图 6-16 所示。

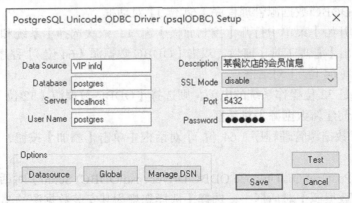

图 6-16　参数设置

（5）连接测试

单击图 6-16 所示的【Test】按钮，弹出【Connection Test】对话框，若显示【Connection successful】，则说明连接成功，如图 6-17 所示，单击【确定】按钮，返回到【PostgreSQL Unicode ODBC Driver (psqlODBC) Setup】对话框。

图 6-17 【Connection Test】对话框

（6）确定添加数据源

单击图 6-16 所示的【Save】按钮，返回到【ODBC 数据源管理程序（64 位）】对话框，如图 6-18 所示，单击【确定】按钮，即可成功添加数据源。

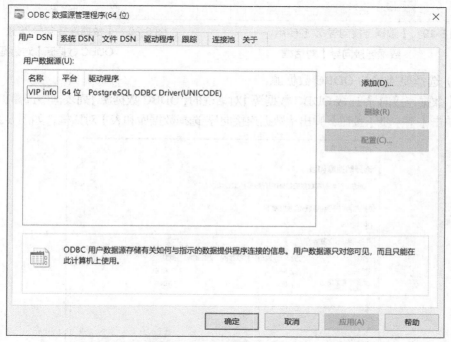

图 6-18 返回到【ODBC 数据源管理程序（64 位）】对话框

2. 导入 PostgreSQL 数据源的数据

在 Excel 2016 中导入 PostgreSQL 数据源的数据，具体的操作步骤如下。

（1）打开【数据连接向导-欢迎使用数据连接向导】对话框

创建一个空白工作簿，在【数据】选项卡的【获取外部数据】命令组中，单击【自其他来源】命令，在下拉列表中选择【来自数据连接向导】命令，弹出【数据连接向导-欢迎使用数据连接向导】对话框，如图 6-19 所示。

（2）选择要连接的数据源

在【数据连接向导-欢迎使用数据连接向导】对话框的【您想要连接哪种数据源】列表框中选择【ODBC DSN】选项，单击【下一步】按钮，弹出【数据连接向导-连接 ODBC 数据源】对话框，如图 6-20 所示。

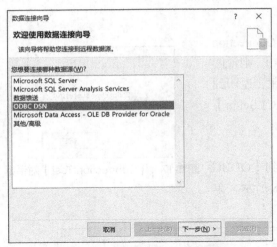

图 6-19　【数据连接向导-欢迎使用
数据连接向导】对话框

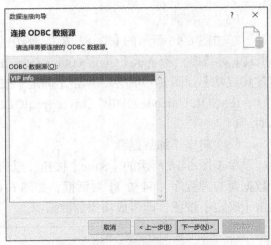

图 6-20　【数据连接向导-连接
ODBC 数据源】对话框

（3）选择要连接的 ODBC 数据源

在【数据连接向导-连接 ODBC 数据源】对话框的【ODBC 数据源】列表框中选择【VIP info】
选项，单击【下一步】按钮，弹出【数据连接向导-选择数据库和表】对话框，如图 6-21 所示。

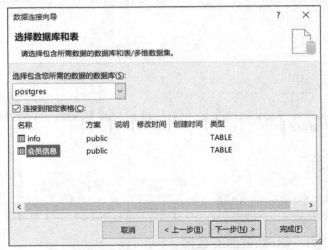

图 6-21　选择数据库和表

（4）选择包含所需数据的数据库和表

在【数据连接向导-选择数据库和表】对话框的【选择包含您所需的数据的数据库】列
表框中单击 ∨ 按钮，在下拉列表中选择【postgres】数据库，在【连接到指定表格】列表框
中选择【会员信息】，单击【下一步】按钮，弹出【保存数据连接文件并完成】对话框，如
图 6-22 所示。

（5）保存数据连接文件

在【保存数据连接文件并完成】对话框中，使用默认文件名"postgres 会员信息.odc"，
单击【完成】按钮，弹出【导入数据】对话框，如图 6-23 所示。

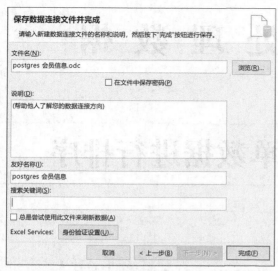

图 6-22 【保存数据连接文件并完成】对话框

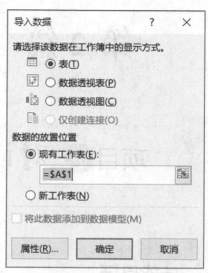

图 6-23 【导入数据】对话框

（6）设置导入数据的显示方式和放置位置

在【导入数据】对话框中，默认选择【现有工作表】单选项，单击▦按钮，选择单元格 A1，再次单击▦按钮。

（7）确定导入 PostgreSQL 数据源的数据

单击图 6-23 所示的【确定】按钮，即可导入 PostgreSQL 数据源的数据，如图 6-24 所示。

	A	B	C	D	E	F	G	H	I
1	会员号	会员名	性别	年龄	入会时间	手机号	会员星级		
2	982	叶亦凯	男	21	2014/8/18 21:41	18688880001	三星级		
3	984	张建涛	男	22	2014/12/24 19:26	18688880003	四星级		
4	986	莫子建	男	22	2014/9/11 11:38	18688880005	三星级		
5	987	易子歆	女	21	2015/2/24 21:25	18688880006	四星级		
6	988	郭仁泽	男	22	2014/11/21 21:45	18688880007	三星级		
7	989	唐莉	女	23	2014/10/29 21:52	18688880008	四星级		
8	990	张馥雨	女	22	2015/12/5 21:14	18688880009	四星级		
9	991	麦凯泽	男	21	2015/2/1 21:21	18688880010	四星级		
10	992	姜晗昱	男	22	2014/12/17 20:14	18688880011	三星级		
11	993	杨依萱	女	23	2015/10/16 20:24	18688880012	四星级		
12	994	刘乐瑶	女	21	2014/1/25 21:35	18688880013	四星级		
13	995	杨晓畅	男	49	2014/6/8 13:12	18688880014	三星级		
14	996	张昭阳	男	21	2014/1/11 18:16	18688880015	四星级		
15	997	徐子轩	女	22	2014/10/1 21:01	18688880016	三星级		

图 6-24 导入 PostgreSQL 数据源的数据后的效果

6.4 技能训练

1. 训练目的

为了直观地查看某自助便利店的销售业绩，需要将数据制作成图表，目前数据保存在 MySQL 数据库的"sales"的数据中，需要将数据导入 Excel 2016 中。

2. 训练要求

（1）新建 MySQL 数据源。

（2）导入 MySQL 数据库中"sales"的数据。

第2篇 处理数据

项目 7 对订单数据进行排序

技能目标

（1）能根据单个关键字对数据进行排序[1]。
（2）能根据自定义序列进行排序。

知识目标

（1）了解排序的类型和基本内容。
（2）掌握各类型排序的基本操作。

项目背景

现有一个私房小站餐饮店的【订单信息】工作表，私房小站某员工为了查看每个会员在本店的消费信息和查看按"珠海、深圳、佛山、广州"自定义排序的订单信息，需要对【订单信息】工作表进行排序。

项目目标

在【订单信息】工作表中分别根据会员名进行升序排列以及根据店铺所在地的自定义序列进行排序。

项目分析

（1）根据会员名进行升序排列。
（2）创建一个店铺所在地的自定义序列。
（3）根据自定义序列进行排序。

7.1 根据单个关键字进行排序

在【订单信息】工作表中根据会员名进行升序排列的具体操作步骤如下。

1. 选择单元格区域

在【订单信息】工作表中，选择单元格区域 B 列，如图 7-1 所示。

	A	B	C	D	E	F	G	H
1	订单号	会员名	店铺名	店铺所在地	消费金额	是否结算	结算时间	
2	201608010417	苗宇怡	私房小站（盐田分店）	深圳	165	1	2016/8/1 11:11	
3	201608010301	李靖	私房小站（罗湖分店）	深圳	321	1	2016/8/1 11:31	
4	201608010413	卓永梅	私房小站（盐田分店）	深圳	854	1	2016/8/1 12:54	
5	201608010417	张大鹏	私房小站（罗湖分店）	深圳	466	1	2016/8/1 13:08	
6	201608010392	李小东	私房小站（番禺分店）	广州	704	1	2016/8/1 13:07	
7	201608010381	沈晓雯	私房小站（天河分店）	广州	239	1	2016/8/1 13:23	
8	201608010429	苗泽坤	私房小站（福田分店）	深圳	699	1	2016/8/1 13:34	
9	201608010433	李达明	私房小站（番禺分店）	广州	511	1	2016/8/1 13:50	
10	201608010569	蓝娜	私房小站（盐田分店）	深圳	326	1	2016/8/1 17:18	
11	201608010655	沈丹丹	私房小站（顺德分店）	佛山	263	1	2016/8/1 17:44	
12	201608010577	冷亮	私房小站（天河分店）	广州	380	1	2016/8/1 17:50	
13	201608010622	徐骏太	私房小站（天河分店）	广州	164	1	2016/8/1 17:47	

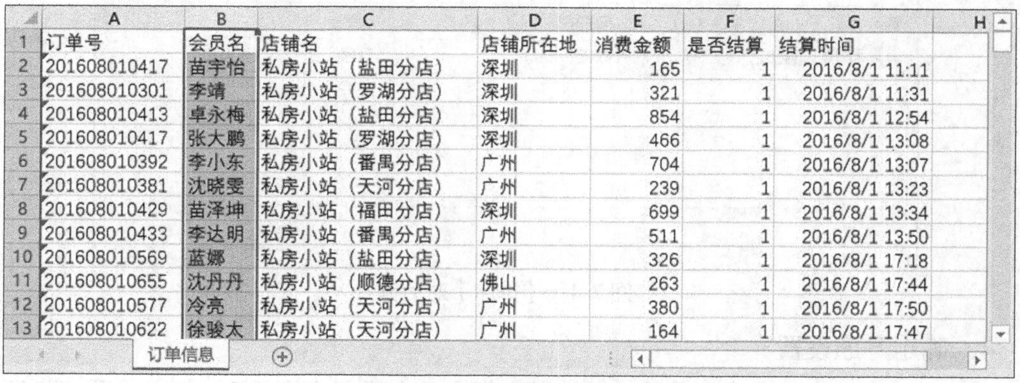

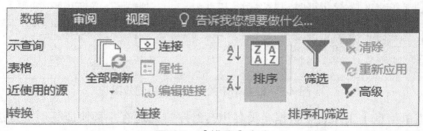

图 7-1 选择单元格区域 B 列

2. 打开【排序】对话框

在【数据】选项卡的【排序和筛选】命令组中，单击【排序】命令，如图 7-2 所示。弹出【排序提醒】对话框，如图 7-3 所示，单击【排序】按钮，弹出【排序】对话框。

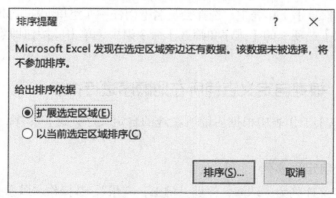

图 7-2 【排序】命令

图 7-3 【排序提醒】对话框

3. 设置主要关键字

在【排序】对话框的【主要关键字】栏的第一个下拉框中单击⌄按钮，在下拉列表中选择【会员名】选项，如图 7-4 所示。

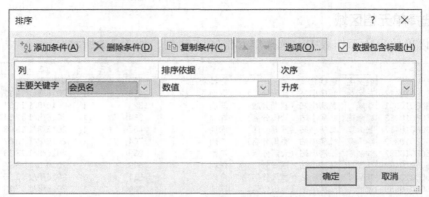

图 7-4 【排序】对话框

4. 确定升序设置

单击图 7-4 所示的【确定】按钮，即可根据会员名进行升序排列，效果如图 7-5 所示。

▲	A	B	C	D	E	F	G	H
1	订单号	会员名	店铺名	店铺所在地	消费金额	是否结算	结算时间	
2	201608020688	艾少雄	私房小站（越秀分店）	广州	332	1	2016/8/2 21:18	
3	201608061082	艾少雄	私房小站（天河分店）	广州	458	1	2016/8/6 20:41	
4	201608201161	艾少雄	私房小站（福田分店）	深圳	148	1	2016/8/20 18:34	
5	201608220499	艾少雄	私房小站（禅城分店）	佛山	337	1	2016/8/22 22:08	
6	201608010486	艾文茜	私房小站（天河分店）	广州	443	1	2016/8/1 20:36	
7	201608150766	艾文茜	私房小站（福田分店）	深圳	702	1	2016/8/15 21:42	
8	201608250518	艾文茜	私房小站（天河分店）	广州	594	1	2016/8/25 20:09	
9	201608061278	艾小金	私房小站（越秀分店）	广州	185	1	2016/8/6 20:42	
10	201608141143	艾小金	私房小站（天河分店）	广州	199	1	2016/8/14 22:09	
11	201608240501	艾小金	私房小站（天河分店）	广州	504	1	2016/8/24 19:30	
12	201608201244	包承昊	私房小站（越秀分店）	广州	404	1	2016/8/20 18:24	
13	201608200813	包达菲	私房小站（天河分店）	广州	1018	1	2016/8/20 11:52	

图 7-5 根据单个关键字排序后的效果

在【订单信息】工作表中根据会员名进行升序排列还有一种快捷简便的方法，具体的操作如下。

（1）在【订单信息】工作表中，选择会员名下面任一非空单元格，如单元格 B3。

（2）在【数据】选项卡的【排序和筛选】命令组中，单击↓按钮即可根据会员名进行升序排列。

7.2 根据自定义店铺所在地顺序进行排序

在【订单信息】工作表中根据店铺所在地的自定义序列进行排序，具体的操作步骤如下。

1. 创建一个自定义序列

创建一个自定义序列为"珠海，深圳，佛山，广州"，其操作步骤参见项目 2 中 2.4 节的填充自定义序列内容。

2. 打开【排序】对话框

在【订单信息】工作表中，选择任一非空单元格；在【数据】选项卡的【排序和筛选】命令组中，单击【排序】命令，弹出【排序】对话框。

3. 设置主要关键字

在【排序】对话框中设置主要关键字及其次序，具体操作如下。

（1）在【排序】对话框的【主要关键字】栏的第一个下拉框中单击 ∨ 按钮，在下拉列表中选择【店铺所在地】选项。

（2）在【次序】下拉框中单击 ∨ 按钮，在下拉列表中选择【自定义序列】选项，如图 7-6 所示，弹出【自定义序列】对话框。

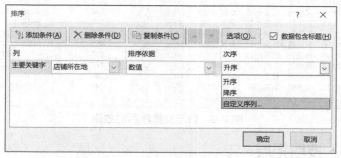

图 7-6 【排序】对话框

4. 选择自定义序列

在【自定义序列】对话框的【自定义序列】列表框中选择自定义序列【珠海, 深圳, 佛山, 广州】选项，如图 7-7 所示，单击【确定】按钮，回到【排序】对话框，如图 7-8 所示。

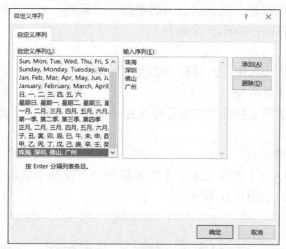

图 7-7 【自定义序列】对话框

图 7-8 根据自定义排序设置主要关键字

5. 确定自定义排序设置

单击图 7-8 所示的【确定】按钮即可根据店铺所在地进行自定义排序，效果如图 7-9 所示。

▲	A	B	C	D	E	F	G	H
28	201608071069	赵文桢	私房小站（珠海分店）	珠海	128	1	2016/8/7 20:26	
29	201608210908	郑景明	私房小站（珠海分店）	珠海	655	1	2016/8/21 20:53	
30	201608090537	仲佳豪	私房小站（珠海分店）	珠海	403	1	2016/8/9 20:47	
31	201608131245	朱钰	私房小站（珠海分店）	珠海	459	1	2016/8/13 18:34	
32	201608150754	卓权汉	私房小站（珠海分店）	珠海	338	1	2016/8/15 18:14	
33	201608130853	卓永梅	私房小站（珠海分店）	珠海	636	1	2016/8/13 14:09	
34	201608201161	艾少雄	私房小站（福田分店）	深圳	148	1	2016/8/20 18:34	
35	201608150766	艾文茜	私房小站（福田分店）	深圳	702	1	2016/8/15 21:42	
36	201608120170	蔡帆题	私房小站（罗湖分店）	深圳	450	1	2016/8/12 13:39	
37	201608070396	蔡锦诚	私房小站（罗湖分店）	深圳	184	1	2016/8/21 13:44	
38	201608211144	蔡奕涵	私房小站（罗湖分店）	深圳	272	1	2016/8/21 18:56	
39	201608150162	蔡雨桐	私房小站（盐田分店）	深圳	1101	1	2016/8/15 11:35	
40	201608201175	蔡泽韬	私房小站（福田分店）	深圳	746	1	2016/8/20 20:52	

订单信息

图 7-9　自定义排序后的效果

7.3　技能拓展

在 Excel 中，除了可以根据单个关键字进行排序，还可以根据多个关键字、颜色或图标进行排序。

1. 根据多个关键字排序

在【订单信息】工作表中先根据会员名进行升序排列，再把相同会员名的订单根据店铺名进行降序排列，具体的操作步骤如下。

（1）选择单元格

在【订单信息】工作表中，选择任一非空单元格。

（2）打开【排序】对话框

在【数据】选项卡的【排序和筛选】命令组中，单击【排序】命令，如图 7-2 所示，弹出【排序】对话框。

（3）设置主要关键字

在【排序】对话框的【主要关键字】栏的第一个下拉框中单击 ∨ 按钮，在下拉列表中选择【会员名】选项，如图 7-10 所示。

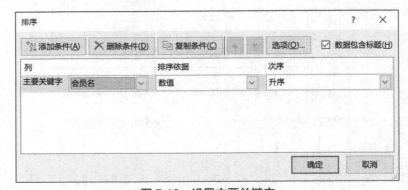

图 7-10　设置主要关键字

（4）设置次要关键字

设置次要关键字及其排序依据和次序的具体操作如下。

① 单击图 7-10 所示的【添加条件】按钮，弹出【次要关键字】栏，在【次要关键字】栏的第一个下拉框中单击 ∨ 按钮，在下拉列表中选择【店铺名】选项。

② 在【次序】下拉框中单击 ∨ 按钮，在下拉列表中选择【降序】选项，如图 7-11 所示。

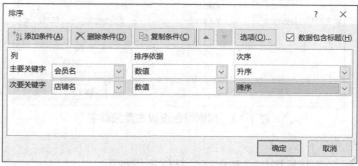

图 7-11 设置次要关键字

（5）确定多个排序的设置

单击图 7-11 所示的【确定】按钮，即可先根据会员名进行升序排列，再把相同会员名的订单根据店铺名进行降序排列，效果如图 7-12 所示。

▲	A	B	C	D	E	F	G	H
1	订单号	会员名	店铺名	店铺所在地	消费金额	是否结算	结算时间	
2	201608020688	艾少雄	私房小站（越秀分店）	广州	332	1	2016/8/2 21:18	
3	201608061082	艾少雄	私房小站（天河分店）	广州	458	1	2016/8/6 20:41	
4	201608201161	艾少雄	私房小站（福田分店）	深圳	148	1	2016/8/20 18:34	
5	201608220499	艾少雄	私房小站（禅城分店）	佛山	337	1	2016/8/22 22:08	
6	201608010486	艾文茜	私房小站（天河分店）	广州	443	1	2016/8/1 20:36	
7	201608250518	艾文茜	私房小站（天河分店）	广州	594	1	2016/8/25 20:09	
8	201608150766	艾文茜	私房小站（福田分店）	深圳	702	1	2016/8/15 21:42	
9	201608061278	艾小金	私房小站（越秀分店）	广州	185	1	2016/8/6 20:42	
10	201608141143	艾小金	私房小站（天河分店）	广州	199	1	2016/8/14 22:09	
11	201608240501	艾小金	私房小站（天河分店）	广州	504	1	2016/8/24 19:30	
12	201608201244	包承昊	私房小站（越秀分店）	广州	404	1	2016/8/20 18:24	
13	201608200813	包达菲	私房小站（天河分店）	广州	1018	1	2016/8/20 11:52	

图 7-12 根据多个关键字排序后的效果

2. 根据颜色或图标集排序

（1）根据颜色排序

在设置了颜色和图标的【订单信息】工作表中，根据颜色进行排序的具体操作步骤如下。

① 打开【排序】对话框

在【订单信息】工作表中，选择任一非空单元格；在【数据】选项卡的【排序和筛选】命令组中，单击【排序】命令，如图 7-2 所示，弹出【排序】对话框。

② 设置主要关键字

设置主要关键字及其排序依据和次序的具体操作如下。

a. 在【排序】对话框的【主要关键字】栏的第一个下拉框中单击 ∨ 按钮，在下拉列表中选择【店铺所在地】。

b. 在【排序依据】下拉框中单击✓按钮，在下拉列表中选择【单元格颜色】选项。

c. 在【次序】组的第一个下拉框中单击倒三角符号，在下拉列表中选择绿色图标，如图 7-13 所示。

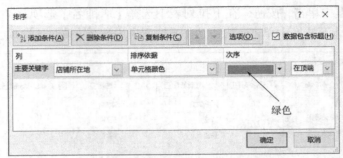

图 7-13　根据绿色设置主要关键字

③ 设置次要关键字

设置次要关键字及其排序依据和次序，具体操作如下。

a. 单击图 7-13 所示的【添加条件】按钮，弹出【次要关键字】栏，在【次要关键字】栏的第一个下拉框中单击✓按钮，在下拉列表中选择【店铺所在地】选项。

b. 在【排序依据】下拉框中单击✓按钮，在下拉列表中选择【单元格颜色】选项。

c. 在【次序】组的第一个下拉框中单击倒三角符号，在下拉列表中选择黄色图标，如图 7-14 所示。

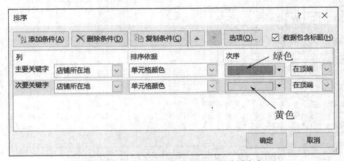

图 7-14　根据黄色设置次要关键字

④ 设置剩余的次要关键字及其排序依据和次序

重复两次步骤③，不同的是，在【次序】组的第一个下拉框中单击✓按钮，在下拉列表中先后选择红色图标和蓝色图标，如图 7-15 所示。

图 7-15　根据红色和蓝色设置次要关键字

⑤ 确定排序设置

单击图 7-15 所示的【确定】按钮，即可根据颜色进行排序，效果为绿色的单元格在最顶端，然后是黄色的单元格，接着是红色的单元格，最后是蓝色的单元格，同一种颜色的单元格之间的顺序维持不变。

（2）根据图标集排序

根据图标进行排序的操作步骤与根据颜色进行排序的操作步骤相似，不同的是，在【排序】对话框中的【排序依据】下拉框中选择【单元格图标】选项，在【次序】组中的第一个下拉框中选择 图标，其具体参数设置如图 7-16 所示。

图 7-16　根据图标集排序

7.4　技能训练

1. 训练目的

现有一个【9 月自助便利店销售业绩】工作表，分别需要按商品名称和"天河区便利店，越秀区便利店，白云区便利店"自定义序列显示和理解数据，所以在【9 月自助便利店销售业绩】工作表中，分别根据商品名称和自定义序列进行排序。

2. 训练要求

（1）根据商品名称进行升序排列。

（2）创建自定义序列【天河区便利店，越秀区便利店，白云区便利店】，并根据自定义序列进行排序。

项目 **8** 筛选订单数据的关键信息

技能目标

能根据不同的条件筛选出数据中的关键信息。

知识目标

（1）了解筛选的方式和类型。
（2）掌握各类型筛选的基本操作。

项目背景

现有一个存放了私房小站餐饮店订单信息的【订单信息】工作表，某员工为了统计含有蓝色标记的珠海地区的销售业绩，以及查看张大鹏、李小东的消费金额，需要对【订单信息】工作表进行筛选。

项目目标

在标记好颜色的【订单信息】工作表中，分别筛选出含有蓝色标记的珠海地区、会员名为"张大鹏""李小东"的行。

项目分析

（1）在【店铺所在地】列筛选出含有蓝色标记的珠海地区。
（2）在【会员名】列筛选出名为"张大鹏""李小东"的行。

8.1 根据颜色筛选店铺所在地

在【订单信息】工作表中筛选出单元格颜色为蓝色的行，具体的操作步骤如下。

1. 选择单元格

在【订单信息】工作表中，选择任一非空单元格。

2. 单击【筛选】命令

在【数据】选项卡的【排序和筛选】命令组中，单击【筛选】命令，此时【订单信息】工作表的列标题旁边都显示一个倒三角符号，如图 8-1 所示。

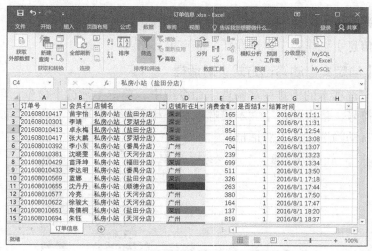

图 8-1 单击【筛选】命令后的效果

3. 设置筛选条件并确定

单击【店铺所在地】列旁的倒三角符号，在下拉列表中选择【按颜色筛选】命令，如图 8-2 所示，单击蓝色图标，即可筛选出单元格颜色为蓝色的行，效果如图 8-3 所示。

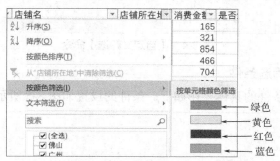

图 8-2 选择【按颜色筛选】命令

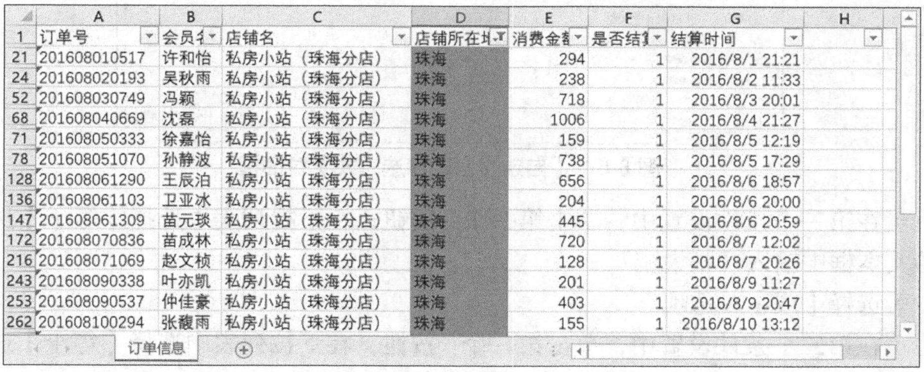

图 8-3 根据颜色筛选后的效果

8.2 自定义筛选某些会员的消费数据

在【订单信息】工作表中筛选出会员名为"张大鹏""李小东"的行，具体的操作步骤如下。

1. 选择单元格

在【订单信息】工作表中，选择任一非空单元格。

2. 打开【自定义自动筛选方式】对话框

在【数据】选项卡的【排序和筛选】命令组中，单击【筛选】命令，单击【会员名】列旁的倒三角符号，依次选择【文本筛选】命令和【自定义筛选】命令，如图 8-4 所示，弹出【自定义自动筛选方式】对话框。

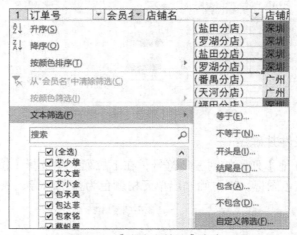

图 8-4 【自定义筛选】命令

3. 设置自定义筛选条件

设置自定义筛选条件的具体操作如下，条件的设置如图 8-5 所示。

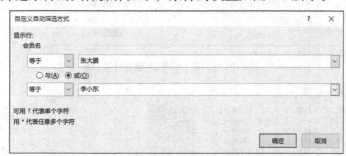

图 8-5 【自定义自动筛选方式】对话框

（1）在第一个条件设置中，单击第一个 ∨ 按钮，在下拉列表中选择【等于】选项，在旁边的文本框中输入"张大鹏"。

（2）选择【或】单选项。

（3）在第二个条件设置中，单击第一个 ∨ 按钮，在下拉列表中选择【等于】选项，在旁边的文本框中输入"李小东"。

4．确定筛选设置

单击【确定】按钮，即可在【订单信息】工作表中筛选出会员名为"张大鹏""李小东"的行，效果如图 8-6 所示。

	A	B	C	D	E	F	G	H
1	订单号	会员名	店铺名	店铺所在地	消费金额	是否结算	结算时间	
5	201608010417	张大鹏	私房小站（罗湖分店）	深圳	466	1	2016/8/1 13:08	
6	201608010392	李小东	私房小站（番禺分店）	广州	704	1	2016/8/1 13:07	
132	201608060475	张大鹏	私房小站（天河分店）	广州	142	1	2016/8/6 19:22	
301	201608120684	李小东	私房小站（天河分店）	广州	511	1	2016/8/12 18:28	
357	201608131311	张大鹏	私房小站（盐田分店）	深圳	976	1	2016/8/13 19:36	
471	201608160770	李小东	私房小站（福田分店）	深圳	225	1	2016/8/16 21:27	
482	201608170513	张大鹏	私房小站（福田分店）	深圳	784	1	2016/8/17 18:40	
658	201608211023	李小东	私房小站（福田分店）	深圳	409	1	2016/8/21 20:07	
915	201608300446	张大鹏	私房小站（盐田分店）	深圳	143	1	2016/8/30 18:15	
941	201608310647	李小东	私房小站（番禺分店）	广州	262	1	2016/8/31 21:55	
943								
944								
945								
946								

订单信息

图 8-6　自定义筛选后的效果

8.3　技能拓展

筛选分为自动筛选和高级筛选两种方式。根据颜色筛选和自定义筛选是自动筛选，用于要进行筛选的数据列表的字段比较少的情况。当要筛选的数据列表字段比较多而筛选条件比较复杂时，需要使用高级筛选。高级筛选分为同时满足多个条件的筛选和满足其中一个条件的筛选。

1．同时满足多个条件的筛选

在【订单信息】工作表中筛选出店铺所在地在"深圳"且消费金额大于 1200 的行，具体的操作步骤如下。

（1）新建一个工作表并输入筛选条件

在【订单信息】工作表旁创建一个新的工作表【Sheet1】，在【Sheet1】工作表的单元格区域 A1:B2 中建立条件区域，如图 8-7 所示。

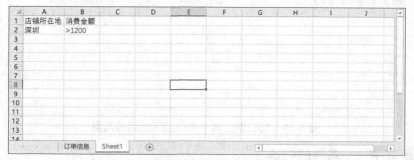

图 8-7　同时满足多个条件的条件区域

（2）打开【高级筛选】对话框

在【订单信息】工作表中，单击任一非空单元格，在【数据】选项卡的【排序和筛选】命令组中，单击【高级】命令，弹出【高级筛选】对话框，如图 8-8 所示。

（3）选择列表区域

单击图 8-8 所示的【列表区域】文本框右侧的 ![]按钮，弹出【高级筛选-列表区域】对话框，选择【订单信息】工作表的单元格区域 A 列到 G 列，如图 8-9 所示，单击 ![]按钮回到【高级筛选】对话框。

图 8-8 　【高级筛选】对话框　　　图 8-9 　【高级筛选-列表区域】对话框

（4）选择条件区域

单击图 8-8 所示的【条件区域】文本框右侧的 ![]按钮，弹出【高级筛选-条件区域】对话框，选择【Sheet1】工作表的单元格区域 A1:B2，如图 8-10 所示，单击 ![]按钮回到【高级筛选】对话框。

图 8-10 　【高级筛选-条件区域】对话框

（5）确定筛选设置

单击图 8-8 所示的【确定】按钮，即可在【订单信息】工作表中筛选出店铺所在地为"深圳"，且消费金额大于 1200 的行，效果如图 8-11 所示。

图 8-11 　同时满足多个条件的筛选后的效果

2．满足其中一个条件的筛选

在【订单信息】工作表中筛选出店铺所在地为"深圳"或消费金额大于 1200 的行，具体操作步骤如下。

（1）输入筛选条件

在【订单信息】工作表旁创建一个新的工作表【Sheet2】，在【Sheet2】工作表的单元格区域 A1:B3 建立条件区域，如图 8-12 所示。

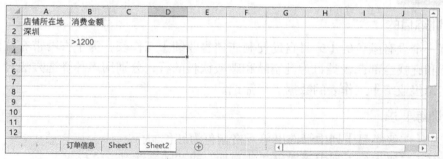

图 8-12 满足其中一个条件的条件区域设置

（2）打开【高级筛选】对话框

在【订单信息】工作表中，单击任一非空单元格，在【数据】选项卡的【排序和筛选】命令组中，单击【高级】命令，弹出【高级筛选】对话框，如图 8-8 所示。

（3）选择列表区域

单击图 8-8 所示的【列表区域】文本框右侧的▤按钮，弹出【高级筛选-列表区域】对话框，选择【订单信息】工作表的单元格区域 A 列到 G 列，如图 8-9 所示，单击▤按钮回到【高级筛选】对话框。

（4）选择条件区域

单击图 8-8 所示的【条件区域】文本框右侧的▤按钮，弹出【高级筛选-条件区域】对话框，选择【Sheet2】工作表的单元格区域 A1:B3，如图 8-13 所示，单击▤按钮回到【高级筛选】对话框。

图 8-13 【高级筛选-条件区域】对话框

（5）确定筛选设置

单击图 8-8 所示的【确定】按钮，即可在【订单信息】工作表中筛选出店铺所在地为"深圳"或消费金额大于 1200 的行，效果如图 8-14 所示。

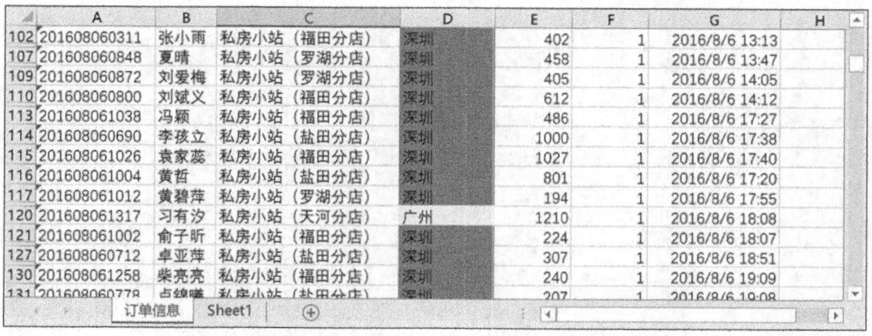

图 8-14 满足其中一个条件的筛选效果

8.4　技能训练

1．训练目的

现有一个设有颜色的【9 月自助便利店销售业绩】工作表，为了查看带有红色标记单元格的行和查找全部二级类目为乳制品和碳酸饮料的行，分别用多种筛选方法对【9 月自助便利店销售业绩】工作表的数据进行筛选。

2．训练要求

（1）在【二级类目】列中筛选出单元格颜色为红色的行。

（2）在【二级类目】列中筛选出"乳制品"或"碳酸饮料"的行。

项目 ❾ 分类汇总每位会员的消费金额

技能目标

能对数据进行分类汇总[1]。

知识目标

（1）了解分类汇总的汇总方式。
（2）掌握分类汇总的基本操作。

项目背景

现有一个存放了私房小站餐饮店订单信息的【订单信息】工作表，私房小站某员工为了查看各会员的消费金额的总额与平均值，并将各会员的消费金额的总额打印出来展示，需要对【订单信息】工作表进行分类汇总。

项目目标

在【订单信息】工作表中分别统计各会员的消费金额的总额与平均值，统计各会员的消费金额的总和并将汇总结果分页显示。

项目分析

（1）统计各会员的消费金额的总额。
（2）统计各会员的消费金额的平均值。
（3）统计各会员的消费金额的总额并将汇总结果分页显示。

9.1 分类汇总每位会员的消费金额的总额

在【订单信息】工作表中使用简单分类汇总功能，统计各会员的消费金额的总额，具体的操作步骤如下。

Excel 数据获取与处理

1. 根据会员名升序排列

选中 B 列任一非空单元格，如 B3 单元格，在【数据】选项卡的【排序和筛选】命令组中，单击 ↓ 符号，将该列数据按数值大小升序排列，效果如图 9-1 所示。

	A	B	C	D	E	F	G	H
1	订单号	会员名	店铺名	店铺所在地	消费金额	是否结算	结算时间	
2	201608020688	艾少雄	私房小站（越秀分店）	广州	332	1	2016/8/2 21:18	
3	201608061082	艾少雄	私房小站（天河分店）	广州	458	1	2016/8/6 20:41	
4	201608201161	艾少雄	私房小站（福田分店）	深圳	148	1	2016/8/20 18:34	
5	201608220499	艾少雄	私房小站（禅城分店）	佛山	337	1	2016/8/22 22:08	
6	201608010486	艾文茜	私房小站（天河分店）	广州	443	1	2016/8/1 20:36	
7	201608150766	艾文茜	私房小站（福田分店）	深圳	702	1	2016/8/15 21:42	
8	201608250518	艾文茜	私房小站（天河分店）	广州	594	1	2016/8/25 20:09	
9	201608061278	艾小金	私房小站（越秀分店）	广州	185	1	2016/8/6 20:42	
10	201608141143	艾小金	私房小站（天河分店）	广州	199	1	2016/8/14 22:09	
11	201608240501	艾小金	私房小站（天河分店）	广州	504	1	2016/8/24 19:30	
12	201608201244	包承昊	私房小站（越秀分店）	广州	404	1	2016/8/20 18:24	
13	201608200813	包达菲	私房小站（天河分店）	广州	1018	1	2016/8/20 11:52	
14	201608210815	包musk铭	私房小站（天河分店）	广州	707	1	2016/8/21 11:48	

订单信息

图 9-1　根据会员名进行升序排列后的效果

2. 打开【分类汇总】对话框

在【数据】选项卡的【分级显示】命令组中，单击【分类汇总】命令，如图 9-2 所示，弹出【分类汇总】对话框，如图 9-3 所示。

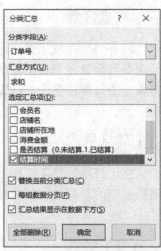

图 9-2　【分类汇总】命令　　　　　　　图 9-3　【分类汇总】对话框

3. 设置参数

在【分类汇总】对话框中进行以下设置，如图 9-4 所示。

（1）单击【分类字段】下拉框的 ∨ 按钮，在下拉列表中选择【会员名】选项。

（2）单击【汇总方式】下拉框的 ∨ 按钮，在下拉列表中选择【求和】选项。

（3）在【选定汇总项】列表框中勾选【消费金额】复选框，取消其他复选框的勾选。

（4）默认勾选【替换当前分类汇总】和【汇总结果显示在数据下方】复选框。

图 9-4 【分类汇总】对话框设置

4．确定设置

单击【确定】按钮，即可在【订单信息】工作表中统计各会员的消费金额的总额，效果如图 9-5 所示。

1 2 3		A	B	C	D	E	F	G
	1	订单号	会员名	店铺名	店铺所在地	消费金额	是否结算	结算时间
	2	201608020688	艾少雄	私房小站（越秀分店）	广州	332	1	2016/8/2 21:18
	3	201608061082	艾少雄	私房小站（天河分店）	广州	458	1	2016/8/6 20:41
	4	201608201161	艾少雄	私房小站（福田分店）	深圳	148	1	2016/8/20 18:34
	5	201608220499	艾少雄	私房小站（禅城分店）	佛山	337	1	2016/8/22 22:08
	6		艾少雄 汇总			1275		
	7	201608010486	艾文茜	私房小站（天河分店）	广州	443	1	2016/8/1 20:36
	8	201608150766	艾文茜	私房小站（福田分店）	深圳	702	1	2016/8/15 21:42
	9	201608250518	艾文茜	私房小站（天河分店）	广州	594	1	2016/8/25 20:09
	10		艾文茜 汇总			1739		
	11	201608061278	艾小金	私房小站（越秀分店）	广州	185	1	2016/8/6 20:42
	12	201608141143	艾小金	私房小站（天河分店）	广州	199	1	2016/8/14 22:09
	13	201608240501	艾小金	私房小站（天河分店）	广州	504	1	2016/8/24 19:30
	14		艾小金 汇总			888		

订单信息

图 9-5 简单分类汇总后的效果

在分类汇总后，工作表行号左侧出现的+和−按钮是层次按钮，分别能显示和隐藏组中的明细数据。在层次按钮上方出现的 1 2 3 按钮是分级显示按钮，单击所需级别的数字就会隐藏较低级别的明细数据，显示其他级别的明细数据。

若要删除分类汇总，则选择包含分类汇总的单元格区域，然后在图 9-4 所示的【分类汇总】对话框中单击【全部删除】按钮即可。

9.2 分类汇总每位会员的消费金额的平均值

在【订单信息】工作表中使用高级分类汇总功能，统计各会员的消费金额的平均值，具体操作步骤如下。

1．打开【分类汇总】对话框

在简单分类汇总结果的基础上，在【数据】选项卡的【分级显示】命令组中，单击【分类汇总】命令，弹出【分类汇总】对话框。

2. 设置参数

在【分类汇总】对话框中进行以下设置，如图 9-6 所示。

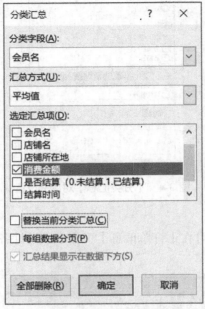

图 9-6　【分类汇总】对话框设置

（1）单击【分类字段】下拉框的∨按钮，在下拉列表中选择【会员名】选项。

（2）单击【汇总方式】下拉框的∨按钮，在下拉列表中选择【平均值】选项。

（3）在【选定汇总项】列表框中勾选【消费金额】复选框，取消其他复选框的勾选。

（4）取消勾选【替换当前分类汇总】复选框。

3. 确定设置

单击【确定】按钮，即可统计各会员的消费金额的平均值，效果如图 9-7 所示。

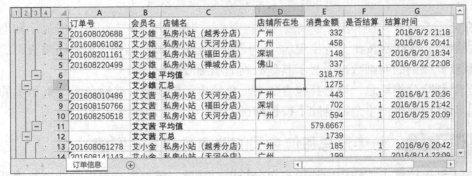

图 9-7　高级分类汇总的效果

9.3　分页显示汇总结果

分页显示汇总结果是将汇总的每一类数据单独列在一页中，以方便清晰地显示打印出来的数据。

在【订单信息】工作表中统计各会员的消费金额的总额，并将汇总结果分页显示，具体的操作步骤如下。

1. 根据会员名升序排列

选中 B 列的任一非空单元格，在【数据】选项卡的【排序和筛选】命令组中，单击 ↓↑ 符号，将该列数据按数值大小升序排列。

2. 打开【分类汇总】对话框

选择任一非空单元格，在【数据】选项卡的【分级显示】命令组中，单击【分类汇总】命令，弹出【分类汇总】对话框。

3. 设置参数

在【分类汇总】对话框中进行以下设置，如图 9-8 所示。

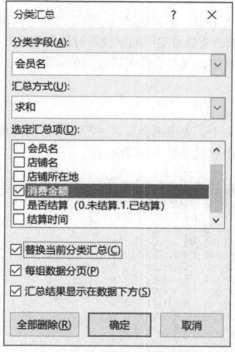

图 9-8 【分类汇总】对话框

（1）单击【分类字段】下拉框的 ▼ 按钮，在下拉列表中选择【会员名】选项。

（2）单击【汇总方式】下拉框的 ▼ 按钮，在下拉列表中选择【求和】选项。

（3）在【选定汇总项】列表框中勾选【消费金额】复选框，取消其他复选框的勾选。

（4）勾选【替换当前分类汇总】、【每组数据分页】和【汇总结果显示在数据下方】复选框。

4. 确定设置

单击【确定】按钮，即可在【订单信息】工作表中统计各会员的消费金额的总额，并将汇总结果分页显示，效果如图 9-9 所示。

图 9-9　分页显示数据列表的效果

9.4 技能拓展

在 9.1 节、9.2 节和 9.3 节中，不管是进行一次汇总还是两次汇总，都是对相同的字段进行分类汇总，实际上 Excel 还能对不同的字段进行嵌套类分类汇总。

在【订单信息】工作表中，先对会员名进行简单分类汇总，再对店铺名进行汇总，具体操作步骤如下。

1. 对数据进行排序

在【订单信息】工作表中，先根据会员名进行升序排列，再将相同会员名的订单根据店铺名进行升序排列，排序效果如图 9-10 所示。

图 9-10　排序效果

2. 进行简单分类汇总

在【数据】选项卡的【分级显示】命令组中，单击【分类汇总】命令，在弹出的【分类汇总】对话框中进行图 9-11 所示的设置，单击【确定】按钮，得到第一次汇总结果。

3. 设置第二次分类汇总的参数

在【数据】选项卡的【分级显示】命令组中，单击【分类汇总】命令，在弹出的【分类汇总】对话框中进行图 9-12 所示的设置。

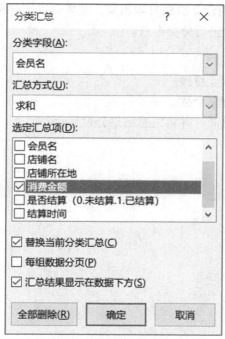
图 9-11 第一次汇总的设置

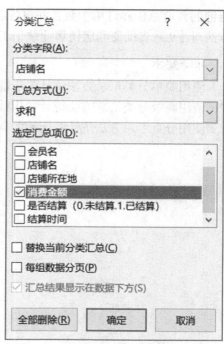
图 9-12 第二次汇总的设置

4．确定设置

单击【确定】按钮，即可先对会员名进行简单分类汇总，再对店铺名进行汇总，效果如图 9-13 所示。

图 9-13 嵌套分类汇总效果

9.5　技能训练

1．训练目的

某企业的自动便利店销售数据存在【9 月自助便利店销售业绩】工作表中，为了统计每个店铺的营业总额和订单个数，并将各店铺的营业总额打印出来，需要分别用多种分类汇总方法对【9 月自助便利店销售业绩】工作表进行分类汇总。

2. 训练要求

（1）使用简单分类汇总方法统计各店铺的营业总额。

（2）使用高级分类汇总方法统计各店铺的订单个数。

（3）使用分页汇总方法统计各店铺的营业总额，并将汇总结果分页显示。

项目 ⑩ 制作数据透视表

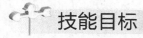

技能目标

（1）能制作数据透视表[1]。
（2）能根据不同的需求编辑透视表。

知识目标

（1）掌握数据透视表的创建方法。
（2）掌握数据透视表的编辑方法。

项目背景

数据透视表被用于对多种来源的数据进行汇总和分析。某餐饮企业为了快速汇总大量的订单信息数据，并深入分析订单信息数据，以便提高业绩，现需要在该餐饮企业存放订单信息的【订单信息】工作表中，根据订单信息数据创建并编辑数据透视表。

项目目标

在【订单信息】工作表中创建并编辑数据透视表。

项目分析

（1）利用餐饮店的订单信息创建数据透视表。
（2）改变数据透视表的布局。
（3）改变数据透视表的样式。

10.1　手动创建订单数据的透视表

在【订单信息】工作表中手动创建数据透视表，具体的操作步骤如下。

1. 打开【创建数据透视表】对话框

打开【订单信息】工作表，单击数据区域内任一单元格，在【插入】选项卡的【表格】

Excel 数据获取与处理

命令组中，单击【数据透视表】命令，如图 10-1 所示，弹出【创建数据透视表】对话框，如图 10-2 所示。

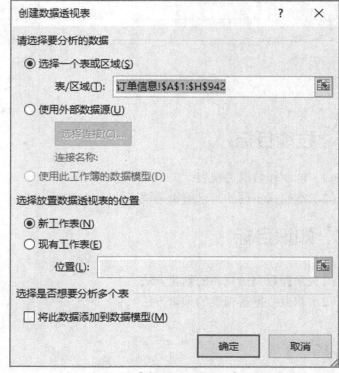

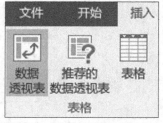

图 10-1　【数据透视表】命令　　　　图 10-2　【创建数据透视表】对话框

其中，选择的数据为整个数据区域，放置数据透视表的位置默认为新工作表，用户也可以指定将其放置在现有工作表中。

2．确定创建空白数据透视表

单击【确定】按钮，Excel 将创建一个空白数据透视表，并显示【数据透视表字段】窗格，如图 10-3 所示。

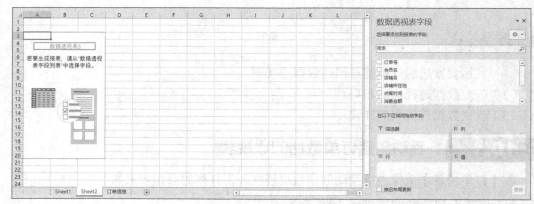

图 10-3　空白数据透视表

3. 添加字段

将"结算时间"拖曳至【筛选器】区域，将"店铺所在地""店铺名"拖曳至【行】区域，将"消费金额"拖曳至【值】区域，如图 10-4 所示，创建的数据透视表如图 10-5 所示。

图 10-4　数据透视表字段

1	结算时间		(全部)	
2				
3	行标签			求和项:消费金额
4	⊟佛山			27330
5		私房小站（禅城分店）		13101
6		私房小站（顺德分店）		14229
7	⊟广州			227692
8		私房小站（番禺分店）		70661
9		私房小站（天河分店）		95419
10		私房小站（越秀分店）		61612
11	⊟深圳			192774
12		私房小站（福田分店）		92097
13		私房小站（罗湖分店）		45909
14		私房小站（盐田分店）		54768
15	⊟珠海			14897
16		私房小站（珠海分店）		14897
17	总计			462693

图 10-5　手动创建的数据透视表

10.2　编辑订单数据的透视表

10.2.1　改变数据透视表的布局

改变数据透视表的布局包括设置分类汇总、设置总计、设置报表布局和空行等。现将数据透视表的布局改为表格形式，具体的操作如下。

单击透视表区域内任一单元格，在【设计】选项卡的【布局】命令组中，单击【报表布局】命令，选择【以表格形式显示】选项，如图 10-6 所示。该数据透视表即以表格形式显示，如图 10-7 所示。

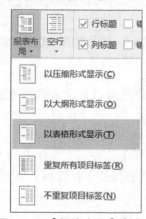

图 10-6　【报表布局】命令

1	结算时间	(全部)	
2			
3	店铺所在地	店铺名	求和项:消费金额
4	⊟佛山	私房小站（禅城分店）	13101
5		私房小站（顺德分店）	14229
6	佛山 汇总		27330
7	⊟广州	私房小站（番禺分店）	70661
8		私房小站（天河分店）	95419
9		私房小站（越秀分店）	61612
10	广州 汇总		227692
11	⊟深圳	私房小站（福田分店）	92097
12		私房小站（罗湖分店）	45909
13		私房小站（盐田分店）	54768
14	深圳 汇总		192774
15	⊟珠海	私房小站（珠海分店）	14897
16	珠海 汇总		14897
17	总计		462693

图 10-7　将数据透视表布局改为表格形式

10.2.2　设置数据透视表样式

在工作表中插入数据透视表后，还可以对数据透视表的格式进行设置，使数据透视表更加美观。

1. 自动套用样式

用户可以使用系统自带的样式来设置数据透视表的格式，具体的操作步骤如下。

（1）打开数据透视表格式的下拉列表

在【设计】选项卡的【数据透视表样式】命令组中，单击【其他】按钮，弹出的下拉列表如图 10-8 所示。

（2）选择样式

在弹出的下拉列表中选择其中一种样式，即可更改数据透视表的样式，此处选择【数据透视表样式中等深浅 6】选项，效果如图 10-9 所示。

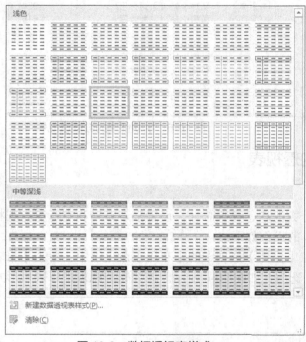

图 10-8　数据透视表样式　　　　　　图 10-9　自动套用样式后的效果

2. 自定义数据透视表样式

如果系统自带的数据透视表样式不能满足需要，那么用户还可以自定义数据透视表样式，具体的操作步骤如下。

（1）打开【新建数据透视表样式】对话框

在【设计】选项卡的【表格样式】命令组中，单击【其他】按钮，在弹出的下拉列表中选择【新建数据透视表样式】选项，弹出【新建数据透视表样式】对话框，如图 10-10 所示。

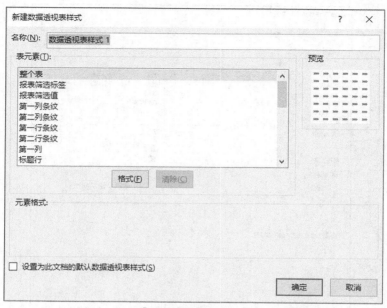

图 10-10 【新建数据透视表样式】对话框

（2）输入新样式名称和选择表元素

在图 10-10 所示的【名称】对话框中输入样式的名称，此处输入"新建样式 1"，在【表元素】下拉框中选择【整个表】选项，如图 10-11 所示。

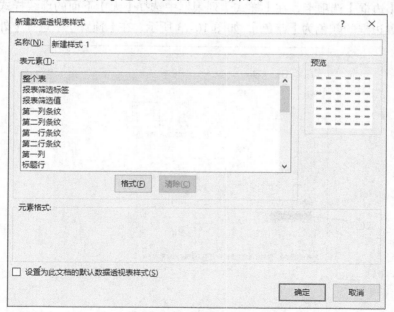

图 10-11 设置表格样式

（3）打开【设置单元格格式】对话框

单击图 10-11 所示的【格式】按钮，弹出【设置单元格格式】对话框，如图 10-12 所示。

图 10-12　【设置单元格格式】对话框

（4）设置边框样式

切换到【边框】选项卡，在【样式】列表框中选择【无】下面的虚线样式，在【颜色】下拉框中设置边框的颜色为【蓝色】，如图 10-13 所示，在【预置】中选择【外边框】按钮。

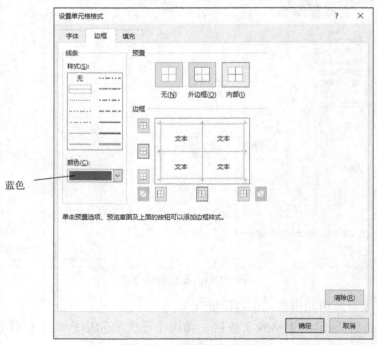

图 10-13　设置边框样式

（5）确定设置

单击【确定】按钮，返回【新建数据透视表样式】对话框，再单击【确定】按钮，回到工作表中。

（6）打开数据透视表样式的下拉列表

在【设计】选项卡的【数据透视表样式】命令组中，单击【其他】按钮，在弹出的下拉列表出现了一个自定义样式，如图 10-14 所示。

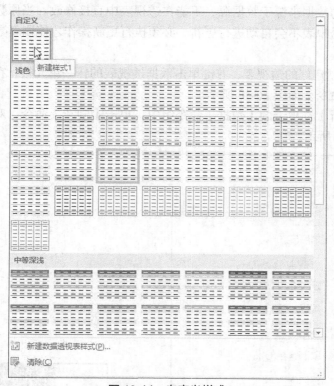

图 10-14　自定义样式

（7）选择【新建样式 1】

选择图 10-14 中的【新建样式 1】选项，效果如图 10-15 所示。

1	结算时间	（全部）
2		
3	行标签	求和项:消费金额
4	⊟佛山	27330
5	私房小站（禅城分店）	13101
6	私房小站（顺德分店）	14229
7	⊟广州	227692
8	私房小站（番禺分店）	70661
9	私房小站（天河分店）	95419
10	私房小站（越秀分店）	61612
11	⊟深圳	192774
12	私房小站（福田分店）	92097
13	私房小站（罗湖分店）	45909
14	私房小站（盐田分店）	54768
15	⊟珠海	14897
16	私房小站（珠海分店）	14897
17	总计	462693

图 10-15　自定义数据透视表样式后的效果

10.3 　技能拓展

在 Excel 中可以对数据透视表的样式进行编辑，但不能对数据透视表的数据进行编辑。强行向数据透视表的数据单元格输入数据时，会弹出警告对话框。

在数据透视表中，虽然不能对数据进行编辑，但可以对数据透视表进行以下操作。

1. 刷新数据透视表

数据透视表的数据来源于数据源，不能在透视表中直接修改。当原数据表中的数据被修改之后，数据透视表不会自动进行更新，必须执行更新操作才能刷新数据透视表，具体的操作如下。

基于 10.1 节创建好的透视表，右键单击数据透视表的任一单元格，在弹出的快捷菜单中选择【刷新】命令，如图 10-16 所示。

或者在【分析】选项卡的【数据】命令组中，单击【刷新】命令，对数据透视表进行更新，如图 10-17 所示。

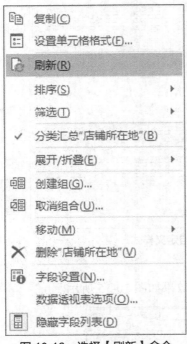

图 10-16　选择【刷新】命令

图 10-17　【刷新】命令

2. 设置数据透视表的字段

在创建完数据透视表后，用户还可以对数据透视表的字段进行相应的设置。

（1）添加字段

向数据透视表添加字段的方法，除了直接拖动字段到区域中外，还有以下两种方法。

①基于 10.1 节创建好的透视表，在【选择要添加到报表的字段】区域中，勾选【是否结算（0.未结算.1.已结算）】复选框，如图 10-18 所示，根据字段的特点，该字段被添加到【值】区域，所得的数据透视表如图 10-19 所示。

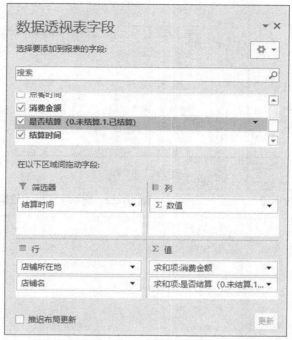

图 10-18 勾选复选框

需要注意的是，所选字段将被添加到默认区域，即非数字字段被添加到【行】区域，日期和时间层次结构被添加到【列】区域，数值字段被添加到【值】区域。

②右键单击【是否结算（0.未结算.1.已结算）】，在下拉快捷菜单中单击【添加到值】命令，如图 10-20 所示，该字段即被添加到【值】区域处。

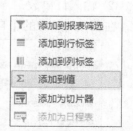

图 10-19 添加字段到【值】区域　　　　　　图 10-20 通过鼠标右键添加字段

（2）删除字段

在数据透视表中删除"消费金额"字段有以下两种方法。

① 在【值】区域中右键单击【求和项:消费金额】，在下拉快捷菜单中选择【删除字段】命令，如图 10-21 所示，效果如图 10-22 所示。

② 在【值】区域中单击【求和项:消费金额】，按住鼠标将它拖曳到区域外，释放鼠标进行删除，如图 10-23 所示。

图 10-21　删除字段

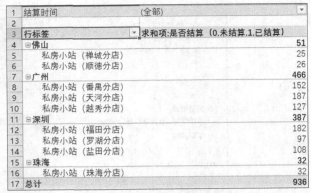

图 10-22　删除字段后的效果

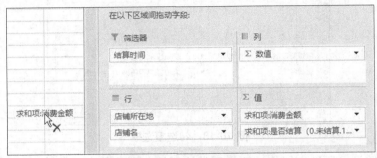

图 10-23　通过拖动法删除字段

（3）重命名字段

将数据透视表中的字段进行重命名，如将值字段中的【求和项：是否结算（0.未结算.1.已结算）】改为【订单数】，具体的操作步骤如下。

① 打开【值字段设置】对话框

在【值】区域中单击【求和项:是否结算（0.未结算.1.已结算）】，在弹出的快捷菜单中选择【值字段设置】命令，弹出【值字段设置】对话框，如图 10-24 所示。

② 输入订单数

在图 10-24 中的【自定义名称】文本框中输入"订单数"，如图 10-25 所示。

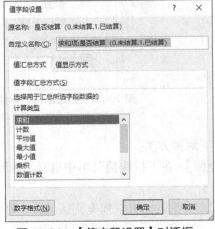

图 10-24　【值字段设置】对话框

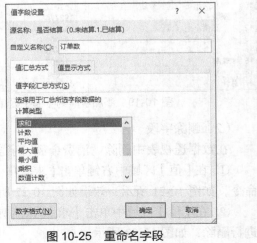

图 10-25　重命名字段

③ 确定设置

单击【确定】按钮，效果如图 10-26 所示。

3. 改变数据透视表的汇总方式

在数据透视表中，数据的汇总方式默认为求和，但还有计数、平均值、最大值、最小值等。将数据透视表的汇总方式改为最大值，具体的操作步骤如下。

（1）打开【值字段设置】对话框

基于 10.1 节创建好的数据透视表，在【值】区域中单击【求和项:消费金额】，选择【值字段设置】选项，弹出【值字段设置】对话框，如图 10-27 所示。

图 10-26 重命名字段后的效果

（2）选择计算类型并确定设置

在【值字段汇总方式】列表框中选择【最大值】选项，单击【确定】按钮，效果如图 10-28 所示。

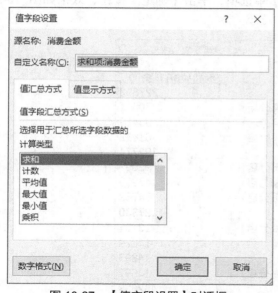

图 10-27 【值字段设置】对话框

图 10-28 改变数据透视表汇总方式后的效果

4. 对数据进行排序

在数据透视表中对数据进行排序，具体的操作步骤如下。

（1）选择单元格

基于 10.1 节创建好的数据透视表，单击选中所需要排序字段的任意数据，此处单击单元格 B4，如图 10-29 所示。

（2）打开【按值排序】对话框

在【数据】选项卡的【排序和筛选】命令组中，单击【排序】命令，弹出【按值排序】对话框，如图 10-30 所示。

1	结算时间	(全部)	
2			
3	行标签		求和项:消费金额
4	⊟佛山		27330
5	私房小站（禅城分店）		13101
6	私房小站（顺德分店）		14229
7	⊟广州		227692
8	私房小站（番禺分店）		70661
9	私房小站（天河分店）		95419
10	私房小站（越秀分店）		61612
11	⊟深圳		192774
12	私房小站（福田分店）		92097
13	私房小站（罗湖分店）		45909
14	私房小站（盐田分店）		54768
15	⊟珠海		14897
16	私房小站（珠海分店）		14897
17	总计		462693

图 10-29　单击选中需要排序字段的任意数据

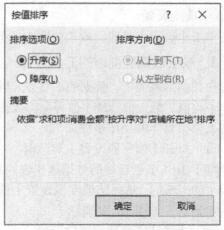

图 10-30　【按值排序】对话框

（3）设置降序并确定

在【排序选项】区域中，单击【降序】单选项，单击【确定】按钮，效果如图 10-31 所示。

1	结算时间	(全部)	
2			
3	行标签		求和项:消费金额
4	⊟广州		227692
5	私房小站（番禺分店）		70661
6	私房小站（天河分店）		95419
7	私房小站（越秀分店）		61612
8	⊟深圳		192774
9	私房小站（福田分店）		92097
10	私房小站（罗湖分店）		45909
11	私房小站（盐田分店）		54768
12	⊟佛山		27330
13	私房小站（禅城分店）		13101
14	私房小站（顺德分店）		14229
15	⊟珠海		14897
16	私房小站（珠海分店）		14897
17	总计		462693

图 10-31　对数据进行排序后的效果

5．筛选数据

在数据透视表中，还可以对数据进行筛选操作。

（1）使用切片器筛选数据透视表

切片器是一个交互式的控件，它提供了一种可视性极强的筛选方式来筛选数据透视表中的数据。通过切片器筛选数据透视表，具体的操作步骤如下。

① 打开【插入切片器】对话框

基于 10.1 节创建好的数据透视表，单击数据区域内任一单元格，在【分析】选项卡的【筛选】命令组中，单击【插入切片器】命令，弹出【插入切片器】对话框，如图 10-32 所示。

② 插入切片器

勾选图 10-32 中的【店铺所在地】复选框，单击【确定】按钮，此时就插入了【店铺所在地】切片器，如图 10-33 所示。

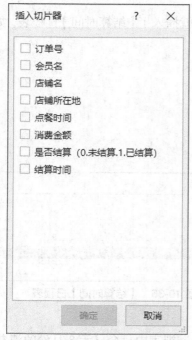

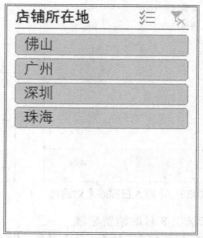

图 10-32 【插入切片器】对话框 　　　　图 10-33 【店铺所在地】切片器

③ 筛选数据

在【店铺所在地】切片器中单击【广州】选项，则在数据透视表中只会显示广州的消费金额，如图 10-34 所示。

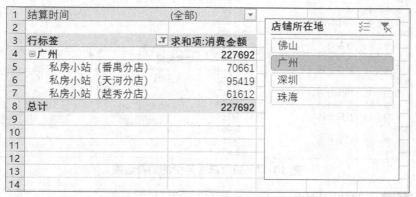

图 10-34 只显示广州的消费金额

（2）使用日程表筛选数据透视表

只有当数据透视表中包含日期格式的字段时，才能使用日程表。通过日程表筛选数据透视表的具体操作步骤如下。

① 打开【插入日程表】对话框

单击数据区域内任一单元格，在【分析】选项卡的【筛选】命令组中，单击【插入日程表】命令，弹出【插入日程表】对话框，如图 10-35 所示。

② 插入【结算时间】日程表

单击图 10-35 中的【结算时间】复选框，此时就插入了【结算时间】日程表，如图 10-36 所示。

图 10-35 　【插入日程表】对话框

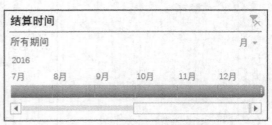

图 10-36 　【结算时间】日程表

③ 筛选出 8 月的消费金额

单击图 10-36 所示的【8 月】滑条，则在数据透视表中只会显示 8 月份的消费金额，如图 10-37 所示。

图 10-37 　只显示 8 月份的消费金额

10.4 　技能训练

1. 训练目的

为了快速汇总某餐饮店各套餐及各地区的销售情况，从而对其数据进行分析，以便提高该餐饮店的业绩，需要对该餐饮企业的订单数据创建数据透视表。已知餐饮店的订单数据如图 10-38 所示，基于此数据创建并编辑后得到的数据透视表如图 10-39 所示。

	订单号	菜品号	菜品名称	数量	价格	销售额	店铺名称	店铺所在地	订单时间
2	152	610047	套餐一	2	29	58	味乐多（蛇口分店）	深圳	2017/8/20
3	138	610048	套餐二	1	33	33	味乐多（蛇口分店）	深圳	2017/8/20
4	125	610047	套餐一	2	29	58	味乐多（蛇口分店）	深圳	2017/8/20
5	178	610049	套餐三	1	38	38	味乐多（蛇口分店）	深圳	2017/8/20
6	131	610049	套餐三	4	38	152	味乐多（蛇口分店）	深圳	2017/8/21
7	135	610050	套餐四	1	46	46	味乐多（蛇口分店）	深圳	2017/8/21
8	124	610048	套餐二	1	33	33	味乐多（海珠分店）	广州	2017/8/20
9	128	610048	套餐二	1	33	33	味乐多（海珠分店）	广州	2017/8/21
10	130	610049	套餐三	2	38	76	味乐多（海珠分店）	广州	2017/8/21
11	115	610047	套餐一	1	29	29	味乐多（海珠分店）	广州	2017/8/21
12	130	610050	套餐四	1	46	46	味乐多（海珠分店）	广州	2017/8/21
13	180	610048	套餐二	3	33	99	味乐多（海珠分店）	广州	2017/8/21
14	142	610049	套餐三	1	38	38	味乐多（香洲分店）	珠海	2017/8/20
15	134	610050	套餐四	1	46	46	味乐多（香洲分店）	珠海	2017/8/20
16	182	610047	套餐一	1	29	29	味乐多（香洲分店）	珠海	2017/8/20
17	186	610047	套餐一	1	29	29	味乐多（香洲分店）	珠海	2017/8/21
18	116	610047	套餐一	1	29	29	味乐多（香洲分店）	珠海	2017/8/21
19	152	610048	套餐二	2	33	66	味乐多（番禺分店）	广州	2017/8/20
20	167	610050	套餐四	2	46	92	味乐多（番禺分店）	广州	2017/8/20
21	164	610049	套餐三	1	38	38	味乐多（番禺分店）	广州	2017/8/20
22	138	610050	套餐四	1	46	46	味乐多（番禺分店）	广州	2017/8/21

图 10-38 某餐饮店的订单表

	店铺所在地	店铺名称	套餐二	套餐三	套餐四	套餐一	总计
5	⊟珠海	味乐多（香洲分店）		38	46	87	171
6	珠海 汇总			38	46	87	171
7	⊟深圳	味乐多（蛇口分店）	33	190	46	116	385
8	深圳 汇总		33	190	46	116	385
9	⊟广州	味乐多（番禺分店）	66	38	138		242
10		味乐多（海珠分店）	165	76	46	29	316
11	广州 汇总		231	114	184	29	558
12	总计		264	342	276	232	1114

图 10-39 创建并编辑后得到的数据透视表

2．训练要求

（1）打开"订单表.xlsx"工作簿，在新工作表中创建数据透视表，将新工作表命名为"订单透视表"。

（2）改变数据透视表的布局。

（3）设置数据透视表的样式。

项目⑪ 使用日期和时间函数完善员工数据

技能目标

能使用日期和时间函数对时间和日期进行计算。

知识目标

掌握 DATEDIF 函数、NETWORKDAYS 函数、EDATE 函数、EOMONTH 函数、WORKDAY 函数、YEARFRAC 函数、DATE 函数、NOW 函数等各种日期和时间函数的使用方法。

项目背景

某餐饮企业在年底需要对该年新进员工进行公示，现只有一个图 11-1 所示的不完善的【员工信息表】工作表，需要先使用日期和时间函数对其进行完善，完善结果如图 11-2 所示。

	A	B	C	D	E	F	G	H	I	J	K
1						员工信息表					
2										更新日期：	2016/12/29
3	员工	出生日期	周岁数	不满1年的月数	不满一全月的天数	入职日期	工作天数	试用期结束日期	培训日期	第一笔奖金发放日期	入职时间占一年的比率
4	叶亦凯	1990/8/4				2016/8/18					
5	张建涛	1991/2/4				2016/6/24					
6	莫子建	1988/10/12				2016/6/11					
7	易子歆	1992/8/9				2016/6/20					
8	郭仁泽	1990/2/6				2016/8/21					
9	唐莉	1995/6/11				2016/7/29					
10	张馥雨	1994/12/17				2016/7/10					
11	麦凯泽	1995/10/6				2016/8/5					
12	姜晗昱	1994/1/25				2016/7/3					
13	杨依萱	1995/4/8				2016/6/14					

员工信息表

图 11-1　不完善的【员工信息表】工作表

	A	B	C	D	E	F	G	H	I	J	K
1						员工信息表					
2										更新日期：	2016/12/29
3	员工	出生日期	周岁数	不满1年的月数	不满一全月的天数	入职日期	工作天数	试用期结束日期	培训日期	第一笔奖金发放日期	入职时间占一年的比率
4	叶亦凯	1990/8/4	26	4	25	2016/8/18	133	2016/9/18	2016/9/30	2016/12/20	0.36338798
5	张建涛	1991/2/4	25	10	25	2016/6/24	188	2016/7/24	2016/7/31	2016/10/25	0.5136612
6	莫子建	1988/10/12	28	2	17	2016/6/11	201	2016/7/11	2016/7/31	2016/10/12	0.54918033
7	易子歆	1992/8/9	24	4	20	2016/6/20	192	2016/7/20	2016/7/31	2016/10/19	0.52459016
8	郭仁泽	1990/2/6	26	10	23	2016/8/21	130	2016/9/21	2016/9/30	2016/12/23	0.35519126
9	唐莉	1995/6/11	21	6	18	2016/7/29	153	2016/8/29	2016/8/31	2016/11/30	0.41803279
10	张馥雨	1994/12/17	22	0	12	2016/7/10	172	2016/8/10	2016/8/31	2016/11/11	0.46994536
11	麦凯泽	1995/10/6	21	2	23	2016/8/5	146	2016/9/5	2016/9/30	2016/12/7	0.3989071
12	姜晗昱	1994/1/25	22	11	4	2016/7/3	179	2016/8/3	2016/8/31	2016/11/4	0.48907104
13	杨依萱	1995/4/8	21	8	21	2016/6/14	198	2016/7/14	2016/7/31	2016/10/17	0.54098361

员工信息表

图 11-2　完善的【员工信息表】工作表

项目目标

在【员工信息表】工作表中使用日期和时间函数计算相应的日期和时间，完善【员工信息表】工作表。

项目分析

（1）在【员工信息表】工作表中计算员工的周岁数，不满 1 年的月数，不满 1 全月的天数。

（2）在【员工信息表】工作表中计算员工的工作天数。

（3）在【员工信息表】工作表中计算员工的试用结束日期。

（4）在【员工信息表】工作表中计算员工的培训日期。

（5）在【员工信息表】工作表中计算员工的第一笔奖金发放日期。

（6）在【员工信息表】工作表中计算员工的入职时间占一年的比率。

11.1　在员工数据中计算日期和时间

11.1.1　计算两个日期期间内的年数、月数、天数

DATEDIF 函数可以计算两个日期期间内的年数、月数、天数，其使用格式如下。

```
DATEDIF(start_date, end_date, unit)
```

DATEDIF 函数的常用参数及其解释如表 11-1 所示。

表 11-1　DATEDIF 函数的常用参数及其解释

参　　数	参数解释
start_date	必需。表示起始日期。可以是表示日期的数值（序列号值）或单元格引用。"start_date" 的月份被视为 "0" 进行计算
end_date	必需。表示终止日期
unit	必需。表示要返回的信息类型

unit 参数的常用信息类型及其解释如表 11-2 所示。

表 11-2　unit 参数的常用信息类型及其解释

信息类型	解　　释
y	计算满年数，返回值为 0 以上的整数
m	计算满月数，返回值为 0 以上的整数
d	计算满日数，返回值为 0 以上的整数
ym	计算不满一年的月数，返回值为 1~11 的整数
yd	计算不满一年的天数，返回值为 0~365 的整数
md	计算不满一全月的天数，返回值为 0~30 的整数

1．计算员工的周岁数

在【员工信息表】工作表中计算员工的周岁数，具体的操作步骤如下。

（1）输入公式

选择单元格 C4，输入"=DATEDIF(B4,$K$2,"Y")"，如图 11-3 所示。

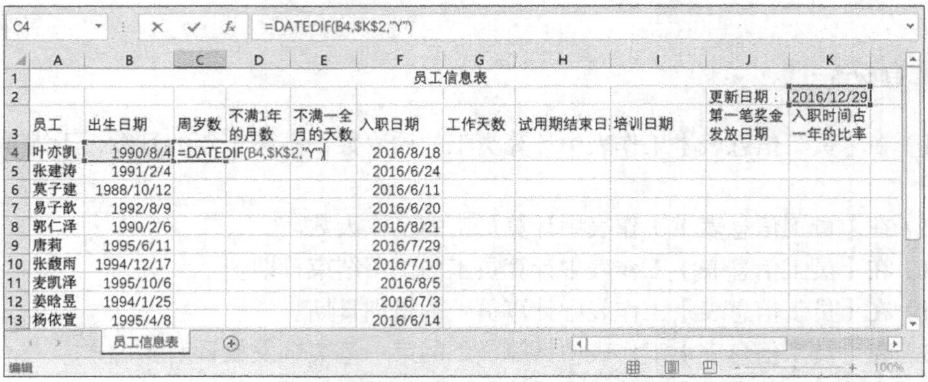

图 11-3　输入"=DATEDIF(B4,$K$2,"Y")"

（2）确定公式

按下【Enter】键即可计算员工的周岁数，如图 11-4 所示。

图 11-4　计算员工的周岁数

（3）填充公式

单击单元格 C4，移动鼠标指针到单元格 C4 的右下角，当指针变为黑色且加粗的"+"时，双击左键即可计算剩余员工的周岁数，计算结果如图 11-5 所示。

图 11-5　员工的周岁数的计算结果

2. 计算员工不满 1 年的月数

在【员工信息表】工作表中计算员工不满 1 年的月数，具体操作步骤如下。

（1）输入公式

选择单元格 D4，输入"=DATEDIF(B4,$K$2,"YM")"，如图 11-6 所示。

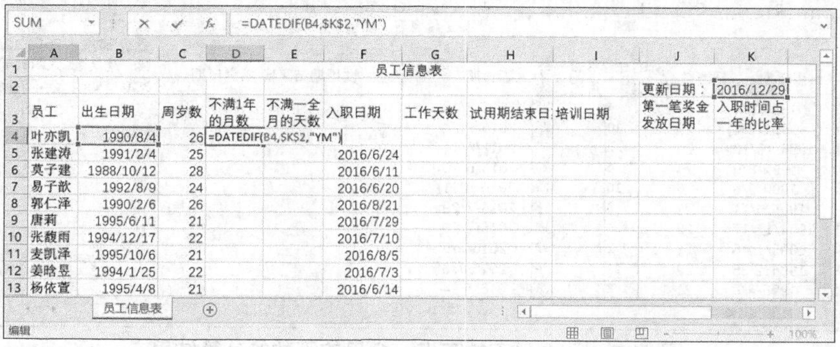

图 11-6　输入"=DATEDIF(B4,$K$2,"YM")"

（2）确定并填充公式

按下【Enter】键，单击单元格 D4，移动鼠标指针到单元格 D4 的右下角，当指针变为黑色且加粗的"+"时，双击左键即可计算剩余员工的不满 1 年的月数，计算结果如图 11-7 所示。

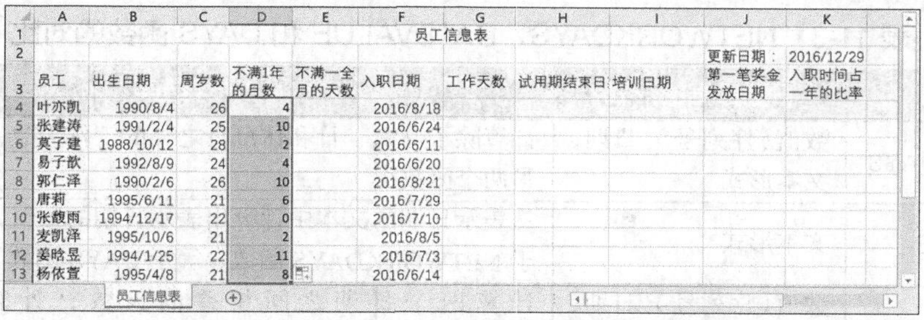

图 11-7　员工的不满 1 年的月数的计算结果

3. 计算员工不满 1 全月的天数

在【员工信息表】工作表中计算员工的不满 1 全月的天数，具体操作步骤如下。

（1）输入公式

选择单元格 E4，输入"=DATEDIF(B4,$K$2,"MD")"，如图 11-8 所示。

图 11-8　输入"=DATEDIF(B4,$K$2,"MD")"

（2）确定并填充公式

按下【Enter】键，单击单元格 E4，移动鼠标指针到单元格 E4 的右下角，当指针变为黑色且加粗的“+”时，双击左键即可计算剩余员工的不满一全月的天数，计算结果如图 11-9 所示。

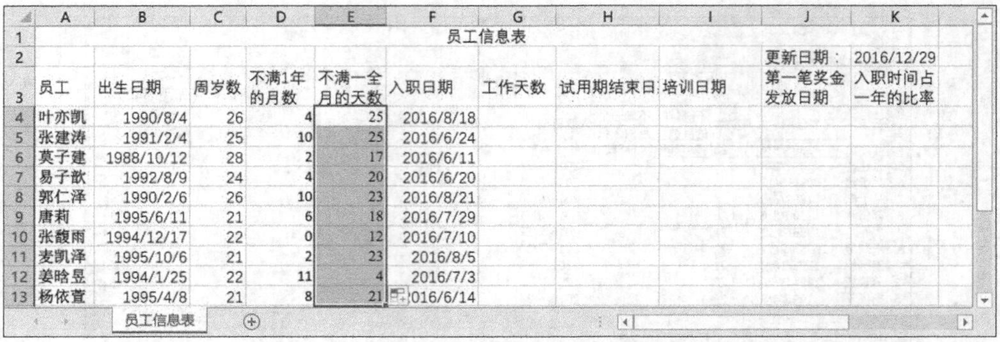

	A	B	C	D	E	F	G	H	I	J	K
1						员工信息表					
2										更新日期：	2016/12/29
3	员工	出生日期	周岁数	不满1年的月数	不满一全月的天数	入职日期	工作天数	试用期结束日	培训日期	第一笔奖金发放日期	入职时间占一年的比率
4	叶亦凯	1990/8/4	26	4	25	2016/8/18					
5	张建涛	1991/2/4	25	10	25	2016/6/24					
6	莫子建	1988/10/12	28	2	17	2016/6/11					
7	易子歆	1992/8/9	24	4	20	2016/6/20					
8	郭仁泽	1990/2/6	26	10	23	2016/8/21					
9	唐莉	1995/6/11	21	6	18	2016/7/29					
10	张馥雨	1994/12/17	22	0	12	2016/7/10					
11	麦凯泽	1995/10/6	21	2	23	2016/8/5					
12	姜晗昱	1994/1/25	22	11	4	2016/7/3					
13	杨依萱	1995/4/8	21	8	21	2016/6/14					

员工信息表

图 11-9　剩余员工的不满一全月的天数的计算结果

11.1.2　计算两个日期之间的天数

在 Excel 中，有 3 种计算两个日期之间的天数的日期和时间函数，分别为 NETWORKDAYS、DATEVALUE 和 DAYS 函数，其对比如表 11-3 所示。

表 11-3　NETWORKDAYS、DATEVALUE 和 DAYS 函数的对比

函　　数	日期数据的形式	计算结果
NETWORKDAYS	数值（序列号）、日期、文本形式	计算除了周六、日和休息日之外的工作天数，计算结果比另两个函数小
DATEVALUE	文本形式	从表示日期的文本中计算出表示日期的数值，计算结果大于 NETWORKDAYS 函数、等于 DAYS 函数
DAYS	数值（序列号）、日期、文本形式	计算两个日期之间相差的天数，计算结果大于 NETWORKDAYS 函数、等于 DATEVALUE 函数

NETWORKDAYS 函数的使用格式如下。

```
NETWORKDAYS(start_date, end_date, holidays)
```

NETWORKDAYS 函数的常用参数及其解释如表 11-4 所示。

表 11-4　NETWORKDAYS 函数的常用参数及其解释

参　　数	参数解释
start_date	必需。表示起始日期。可以是表示日期的数值（序列号值）或单元格引用。“start_date”的月份被视为“0”进行计算
end_date	必需。表示终止日期。可以是指定序列号值或单元格引用
holidays	可选。表示节日或假日等休息日。可以是指定序列号值、单元格引用和数组常量。当省略了此参数时，返回除了周六、日之外的指定期间内的天数

在【员工信息表】工作表中使用 NETWORKDAYS 函数计算员工的工作天数，具体操作步骤如下。

1. 输入法定节假日

在【员工信息表】工作表中输入 2016 年下半年的法定节假日，如图 11-10 所示。

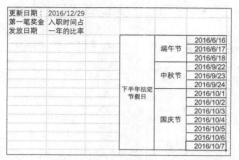

图 11-10 输入 2016 年下半年的法定节假日

2. 输入公式

选择单元格 G4，输入"=NETWORKDAYS(F4,$K$2,$O$4:$O$16)"，如图 11-11 所示。

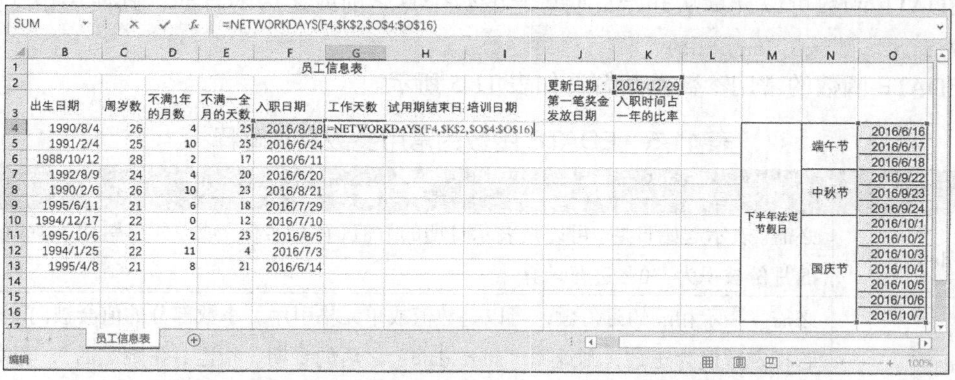

图 11-11 输入"=NETWORKDAYS(F4,$K$2,$O$4:$O$16)"

3. 确定公式

按下【Enter】键，即可使用 NETWORKDAYS 函数计算员工的工作天数，效果如图 11-12 所示。

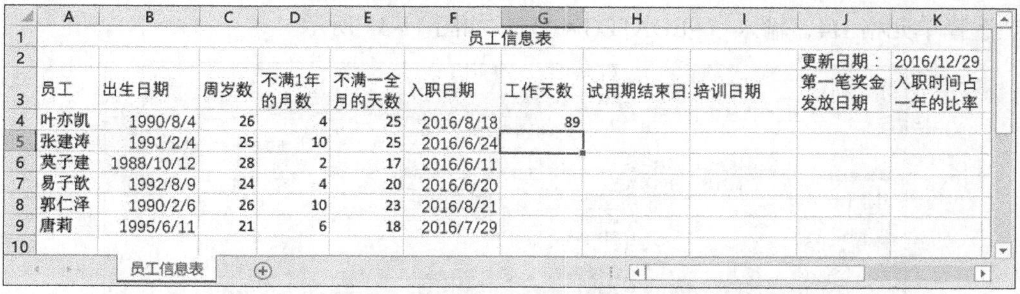

图 11-12 使用 NETWORKDAYS 函数计算员工的工作天数

4. 填充公式

选择单元格 G4，移动鼠标指针到单元格 G4 的右下角，当指针变为黑色且加粗的"+"

Excel 数据获取与处理

时，双击左键即可使用 NETWORKDAYS 函数计算剩余员工的工作天数，效果如图 11-13 所示。

图 11-13　剩余员工的工作天数的计算结果

11.1.3　计算从开始日期算起的 1 个月之后的日期

EDATE 函数可以计算从开始日期算起的数个月之前或之后的日期，其使用格式如下。

```
EDATE(start_date, months)
```

EDATE 函数的常用参数及其解释如表 11-5 所示。

表 11-5　EDATE 函数的常用参数及其解释

参　　数	参数解释
start_date	必需。表示起始日期。可以是表示日期的数值（序列号值）或单元格引用。"start_date" 的月份被视为 "0" 进行计算
months	必需。表示相隔的月份数，可以是数值或单元格引用。小数部分的值会被向下舍入，若指定数值为正数，则返回 "start_date" 之后的日期（指定月份数之后），若指定数值为负数，则返回 "start_date" 之前的日期（指定月份数之前）

该餐饮企业的员工试用期为 1 个月，在【员工信息表】工作表中使用 EDATE 函数计算员工的试用期结束日，具体操作步骤如下。

1．输入公式

选择单元格 H4，输入 "=EDATE(F4,1)"，如图 11-14 所示。

图 11-14　输入 "=EDATE(F4,1)"

2. 确定并填充公式

按下【Enter】键，单击单元格 H4，移动鼠标指针到单元格 H4 的右下角，当指针变为黑色且加粗的"+"时，双击左键，即可计算剩余员工的试用期结束日期，计算结果如图 11-15 所示。

图 11-15　剩余员工的试用期结束日期的计算结果

11.1.4　计算出给定的月份数之后的月末的日期

EOMONTH 函数可以计算出给定的月份数之前或之后的月末的日期，其使用格式如下。

```
EOMONTH(start_date, months)
```

EOMONTH 函数的常用参数及其解释如表 11-6 所示。

表 11-6　EOMONTH 函数的常用参数及其解释

参　　数	参数解释
start_date	必需。表示起始日期。可以是表示日期的数值（序列号值）或单元格引用。"start_date"的月份被视为"0"进行计算
months	必需。表示相隔的月份数，可以是数值或单元格引用。小数部分的值会被向下舍入，若指定数值为正数，则返回"start_date"之后的日期（指定月份数之后的月末），若指定数值为负数，则返回"start_date"之前的日期（指定月份数之前的月末）

该餐饮企业的试用期员工在试用期结束后的当月月末会进行一次培训，在【员工信息表】工作表中使用 EOMONTH 函数计算员工的培训日期，具体操作步骤如下。

1. 输入公式

选择单元格 I4，输入"=EOMONTH(H4,0)"，如图 11-16 所示。

图 11-16　输入"=EOMONTH(H4,0)"

2. 确定并填充公式

按下【Enter】键，单击单元格 I4，移动鼠标指针到单元格 I4 的右下角，当指针变为黑色且加粗的"+"时，双击左键，即可计算剩余员工的培训日期，计算结果如图 11-17 所示。

图 11-17　剩余员工的培训日期的计算结果

11.1.5　计算与起始日期相隔指定日期的日期值

WORKDAY 函数可以计算起始日期之前或之后，与该日期相隔指定工作日的某一日期的日期值，工作日不包括周末和专门指定的假日。WORKDAY 函数的使用格式如下。

```
WORKDAY(start_date, days, holidays)
```

WORKDAY 函数的常用参数及其解释如表 11-7 所示。

表 11-7　WORKDAY 函数的常用参数及其解释

参　　数	参数解释
start_date	必需。表示起始日期。可以是表示日期的数值（序列号值）或单元格引用。start_date 的月份被视为"0"进行计算
days	必需。表示相隔的天数（不包括周末和节假日）。可以是数值或单元格引用。小数部分的值会被向下舍入，若指定数值为正数，则返回"start_date"之后的日期，若指定数值为负数，则返回"start_date"之前的日期
holidays	指定节日或假日等休息日。可以指定序列号值、单元格引用和数组常量。当省略此参数时，返回除周末之外的相隔天数

该餐饮企业的员工在非试用期实际工作 60 天后发放第一笔奖金，在【员工信息表】工作表中使用 WORKDAY 函数计算员工的第一笔奖金发放日期，具体操作步骤如下。

1. 输入公式

选择单元格 J4，输入"=WORKDAY(H4, 60,$O$4:$O$16)"，如图 11-18 所示。

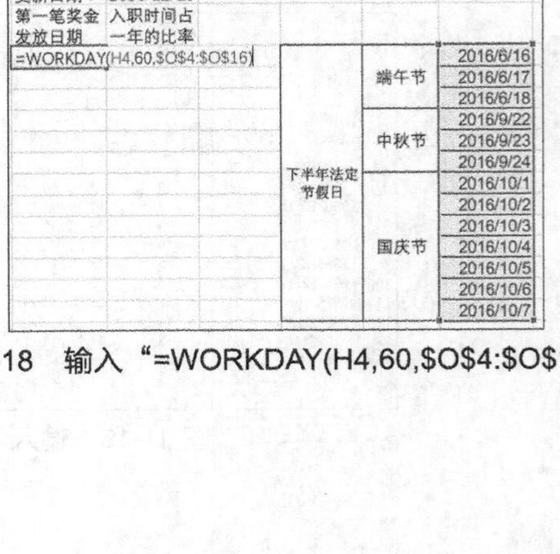

图 11-18　输入"=WORKDAY(H4,60,$O$4:$O$16)"

2. 确定并填充公式

按下【Enter】键，单击单元格 J4，移动鼠标指针到单元格 J4 的右下角，当指针变为黑色且加粗的 "+" 时，双击左键，即可计算剩余员工的发放奖金日期，计算结果如图 11-19 所示。

	A	B	C	D	E	F	G	H	I	J	K
1						员工信息表					
2										更新日期：	2016/12/29
3	员工	出生日期	周岁数	不满1年的月数	不满一全月的天数	入职日期	工作天数	试用期结束日期	培训日期	第一笔奖金发放日期	入职时间占一年的比率
4	叶亦凯	1990/8/4	26	4	25	2016/8/18	133	2016/9/18	2016/9/30	2016/12/20	
5	张建涛	1991/2/4	25	10	25	2016/6/24	188	2016/7/24	2016/7/31	2016/10/25	
6	莫子建	1988/10/12	28	2	17	2016/6/11	201	2016/7/11	2016/7/31	2016/10/12	
7	易子歆	1992/8/9	24	4	20	2016/6/20	192	2016/7/20	2016/7/31	2016/10/21	
8	郭仁泽	1990/2/6	26	10	23	2016/6/29	130	2016/9/21	2016/9/30	2016/12/23	
9	唐莉	1995/6/11	21	6	18	2016/7/29	153	2016/8/29	2016/8/31	2016/11/30	
10	张馥雨	1994/12/17	22	0	12	2016/7/10	172	2016/8/10	2016/8/31	2016/11/11	
11	麦凯泽	1995/10/6	21	2	23	2016/8/5	146	2016/9/5	2016/9/30	2016/12/7	
12	姜晗昱	1994/1/25	22	11	4	2016/7/3	179	2016/8/3	2016/8/31	2016/11/4	
13	杨依萱	1995/4/8	21	8	21	2016/6/14	198	2016/7/14	2016/7/31	2016/10/17	

员工信息表 ⊕

图 11-19　剩余员工的发放奖金日期的计算结果

11.1.6　计算指定期间占一年的比率

YEARFRAC 函数可以计算指定期间占一年的比率，其使用格式如下。

```
YEARFRAC(start_date, end_date, basis)
```

YEARFRAC 函数的常用参数及其解释如表 11-8 所示。

表 11-8　YEARFRAC 函数的常用参数及其解释

参　　数	参数解释
start_date	必需。表示起始日期。可以是表示序列号的值或单元格引用，以 "start_date" 的次日为 "1" 进行计算
end_date	必需。表示终止日期。可以是指定序列号值或单元格引用
basis	可选。表示要使用的日基数基准类型

basis 参数的日基数基准类型及其解释如表 11-9 所示。

表 11-9　basis 参数的日基数基准类型及其解释

日基数基准类型	解　　释
0 或省略	30 天/360 天（NASD 方法）
1	实际天数/实际天数
2	实际天数/360 天
3	实际天数/365 天
4	30 天/360 天（欧洲方法）

在【员工信息表】工作表中使用 YEARFRAC 函数计算员工的入职时间占一年的比率，具体操作步骤如下。

1. 输入公式

选择单元格 K4，输入"=YEARFRAC(F4,$K$2,1)"，如图 11-20 所示。

图 11-20 输入"=YEARFRAC(F4,$K$2,1)"

2. 确定并填充公式

按下【Enter】键，单击单元格 K4，移动鼠标指针到单元格 K4 的右下角，当指针变为黑色且加粗的"+"时，双击左键，即可计算剩余员工的入职时间占一年的比率，计算结果如图 11-21 所示。

图 11-21 剩余员工的入职时间占一年的比率的计算结果

11.2 技能拓展

日期和时间函数除了能计算日期和时间之外，还能创建和提取日期和时间。现某餐饮企业为了统计用餐顾客的时间，在【订单信息】工作表中创建和提取日期和时间数据。

1. 创建日期和时间

（1）创建日期

DATE 函数可以通过年、月、日来指定日期，其使用格式如下。

```
DATE(year, month, day)
```

DATE 函数的常用参数及其解释如表 11-10 所示。

126

表 11-10　DATE 函数的常用参数及其解释

参　　数	参数解释
year	必需。表示指定日期的"年"部分的数值。可以是一到四位的整数，也可以是单元格引用，Excel 2016 会根据使用的不同的日期系统作为参照基础。Excel 2016 有两套日期系统，在 1990 年日期系统中（Excel 2016 的默认日期系统），1900 年 1 月 1 日是第一天，序列号为 1；在 1904 日期系统中，1904 年 1 月 1 日是第一天，序列号为 0。两个系统的最后一天都是 9999 年 12 月 31 日
month	必需。表示指定日期的"月"部分的数值。可以是整数或者是指定的单元格引用。若指定的数值大于 12，则被视为下一年的 1 月之后的数值。若指定的数值小于 0，则被视为指定了前一个月份
day	必需。表示指定日期的"日"部分的数值。可以是整数或者指定的单元格引用。若指定的数值大于月份的最后一天，则被视为下一月份的 1 日之后的数值。若指定的数值小于 0，则被视为指定了前一个月份

在【订单信息】工作表中使用 DATE 函数创建新的统计日期，具体操作步骤如下。

① 输入公式

选择单元格 H1，输入"=DATE(2016,12,29)"，如图 11-22 所示。

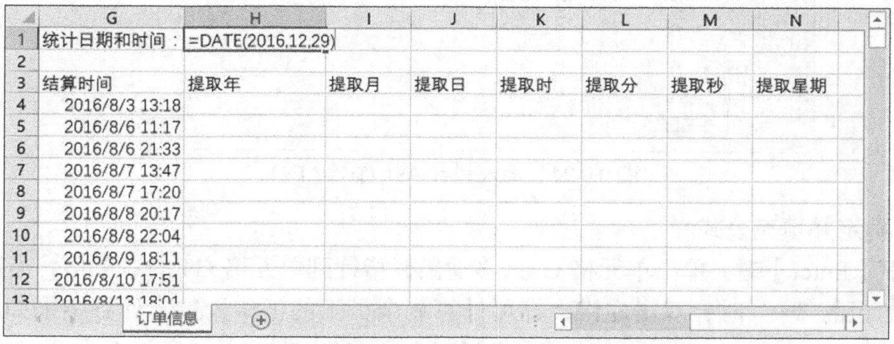

图 11-22　输入"=DATE(2016,12,29)"

② 确定公式

按下【Enter】键，即可用 DATE 函数创建新的统计日期，效果如图 11-23 所示。

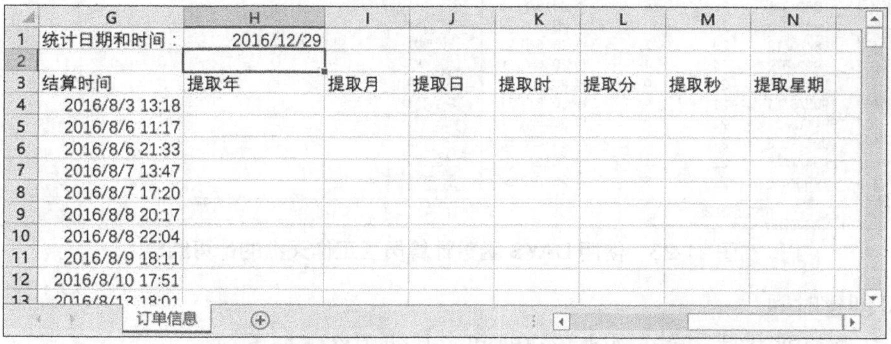

图 11-23　用 DATE 函数创建新的统计日期

（2）计算两个日期之间相差的天数

DAYS 函数可以返回两个日期之间的天数，其使用格式如下。

```
DAYS(end_date, start_date)
```

DAYS 函数的常用参数及其解释如表 11-11 所示。

表 11-11　DAYS 函数的常用参数及其解释

参　　　数	参数解释
end_date	必需。表示终止日期。可以是表示日期的数值（序列号值）或单元格引用
start_date	必需。表示起始日期。可以是表示日期的数值（序列号值）或单元格引用

在【员工信息表】工作表中使用 DAYS 函数计算员工的工作天数，具体操作步骤如下。

① 确定并填充公式

选择单元格 G4，输入"=DAYS($K$2,F4)"，如图 11-24 所示。

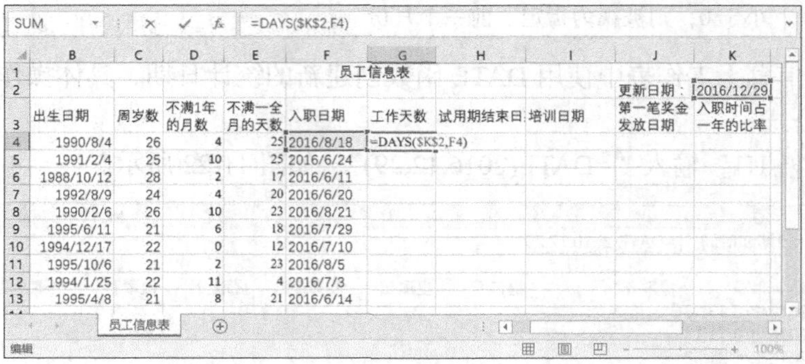

图 11-24　输入"=DAYS($K$2,F4)"

② 确定并填充公式

按下【Enter】键，单击单元格 G4，移动鼠标指针到单元格 G4 的右下角，当指针变为黑色且加粗的"+"时，双击左键，即可计算剩余员工的工作天数，计算结果如图 11-25 所示。

图 11-25　使用 DAYS 函数计算员工工作天数的计算结果

（3）创建时间

TIME 函数通过时、分、秒来指定时间，其使用格式如下。

```
TIME(hour, minute, second)"
```

TIME 函数的常用参数及其解释如表 11-12 所示。

表 11-12　TIME 函数的常用参数及其解释

参　　数	参数解释
hour	必需。表示指定为时间的"时"参数的数值。可以是 0～23 的整数，或者是指定的单元格引用。当指定数值大于 24 时，指定的数值为该数值除以 24 之后的余数
minute	必需。表示指定为时间的"分"参数的数值。可以是整数或者指定的单元格引用。当指定数值大于 60 时，则被视为指定下一个"时"，若指定数值小于 0 时，则被视为指定上一个"时"
second	必需。表示指定为时间的"秒"参数的数值。可以是整数或者指定的单元格引用。当指定数值大于 60 时，则被视为指定下一个"分"，若指定数值小于 0 时，则被视为指定上一个"分"

在【订单信息】工作表中使用 TIME 函数创建统计时间，具体操作步骤如下。

① 输入公式

选择单元格 I1，输入"=TIME(15,41,20)"，如图 11-26 所示。

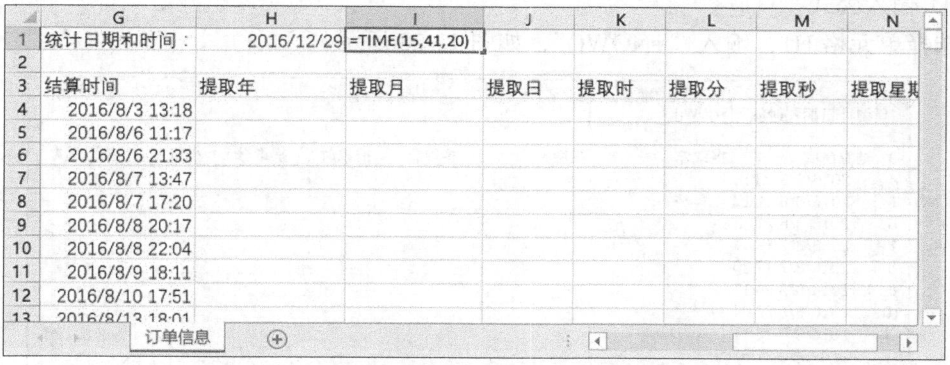

图 11-26　输入"=TIME(15,41,20)"

② 确定公式

按下【Enter】键，即可使用 TIME 函数创建统计时间，效果如图 11-27 所示。

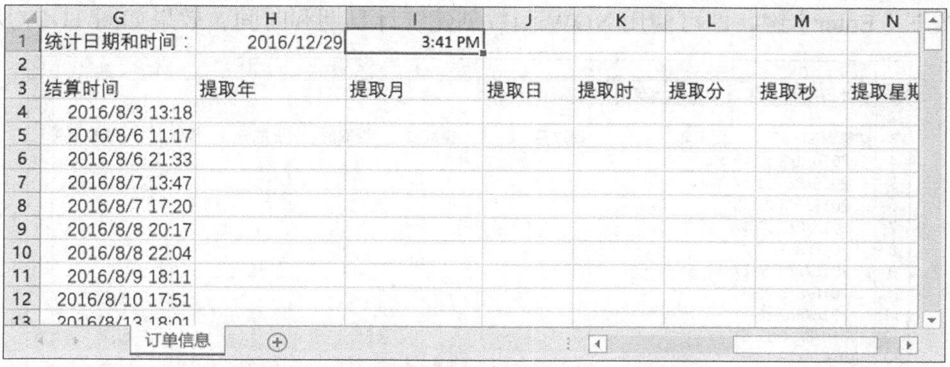

图 11-27　使用 TIME 函数创建统计时间

（4）创建计算机系统的当前日期和时间

在 Excel 中，有两种创建计算机系统的当前日期和时间的日期和时间函数，即 NOW、TODAY 函数，其对比如表 11-13 所示。

表 11-13　NOW、TODAY 函数的对比

函　数	日期数据的形式	计算结果
NOW	数值（序列号）、日期、文本形式	返回计算机系统的当前日期和时间，该函数没有参数，但必须要有括号()，而且在括号中输入任何参数，都会返回错误值
TODAY	数值（序列号）、日期、文本形式	只返回计算机系统的当前日期，该函数没有参数，但必须要有括号()，而且在括号中输入任何参数，都会返回错误值

NOW 函数的使用格式如下。

```
NOW()
```

设定当前时间为 2016 年 12 月 29 日，在【订单信息】工作表中使用 NOW 函数创建统计日期，具体操作步骤如下。

① 输入公式

选择单元格 H1，输入 "=NOW()"，如图 11-28 所示。

图 11-28　输入 "=NOW()"

② 确定公式

按下【Enter】键，即可使用 NOW 函数创建统计日期和时间，效果如图 11-29 所示。

图 11-29　使用 NOW 函数创建统计日期和时间

2. 提取日期和时间数据

（1）提取年、月、日、时、分、秒

YEAR、MONTH、DAY、HOUR、MINUTE、SECOND 函数的对比如表 11-14 所示。

表 11-14 提取年、月、日、时、分、秒函数的对比

函　数	日期数据的形式	计算结果
YEAR	带引号的文本串、系列数或其他公式（或函数）的结果	返回对应于某个日期的年份
MONTH	带引号的文本串、系列数或其他公式（或函数）的结果	返回对应于某个日期的月份
DAY	带引号的文本串、系列数或其他公式（或函数）的结果	返回对应于某个日期的天数
HOUR	带引号的文本字符串、十进制数或其他公式（或函数）的结果	返回时间值的小时数
MINUTE	带引号的文本字符串、十进制数或其他公式（或函数）的结果	返回时间值的分钟数
SECOND	带引号的文本字符串、十进制数或其他公式（或函数）的结果	返回时间值的秒钟数

YEAR 函数可以返回对应于某个日期的年份，即一个 1900～9999 的整数。YEAR 函数的使用格式如下。

```
YEAR(serial_number)
```

YEAR 函数的常用参数及其解释如表 11-15 所示。

表 11-15 YEAR 函数的常用参数及其解释

参　数	参数解释
serial_number	必需。表示要查找年份的日期值。日期有多种输入方式：带引号的文本串、系列数或其他公式（或函数）的结果

在【订单信息】工作表中使用 YEAR 函数提取结算时间的年份，具体操作步骤如下。

① 输入公式

选择单元格 H4，输入"=YEAR(G4)"，如图 11-30 所示。

图 11-30 输入"=YEAR(G4)"

② 确定公式

按下【Enter】键，即可使用 YEAR 函数提取结算时间的年份，效果如图 11-31 所示。

图 11-31 使用 YEAR 函数提取结算时间的年份

③ 填充公式

选择单元格 H4，移动鼠标指针到单元格 H4 的右下角，当指针变为黑色且加粗的"+"时，双击左键，即可使用 YEAR 函数提取剩余结算时间的年份，如图 11-32 所示。

图 11-32 使用 YEAR 函数提取剩余结算时间的年份

提取月、日、时、分、秒的方法与提取年份的方法类似，使用 MONTH、DAY、HOUR、MINUTE、SECOND 函数分别提取即可。

（2）提取星期数

WEEKDAY 函数可以返回某日期的星期数，在默认情况下，它的值为 1（星期天）～7（星期六）的一个整数。WEEKDAY 函数的使用格式如下。

```
WEEKDAY(serial_number, return_type)
```

WEEKDAY 函数的常用参数及其解释如表 11-16 所示。

表 11-16　WEEKDAY 函数的常用参数及其解释

参　　数	参数解释
serial_number	必需。表示要查找的日期。可以是指定的日期或含有日期的单元格的引用。日期有多种输入方式：带引号的文本串、系列数或其他公式（或函数）的结果
return_type	可选。表示星期的开始日和计算方式。return_type 代表星期的表示方式：当 Sunday（星期日）为 1、Saturday（星期六）为 7 时，该参数为 1 或省略；当 Monday（星期一）为 1、Sunday（星期日）为 7 时，该参数为 2（这种情况符合中国人的习惯）；当 Monday（星期一）为 0、Sunday（星期日）为 6 时，该参数为 3

在【订单信息】工作表中使用 WEEKDAY 函数提取结算时间的星期，具体操作步骤如下。

① 输入公式

选择单元格 N4，输入"=WEEKDAY(G4)"，如图 11-33 所示。

图 11-33　输入"=WEEKDAY(G4)"

② 确定并填充公式

按下【Enter】键，单击单元格 N4，移动鼠标指针到单元格 N4 的右下角，当指针变为黑色且加粗的"+"时，双击左键，即可提取剩余结算时间的星期，提取数据后的效果如图 11-34 所示。

图 11-34　使用 WEEKDAY 函数提取结算时间的星期

11.3　技能训练

1．训练目的

某自助便利店为了安排下一年的回访调查计划，需要先将图 11-35 所示的【自助便利店会员信息】工作表的日期和时间数据补充完整，完善后的效果如图 11-36 所示。

图 11-35　不完善的【自助便利店会员信息】工作表

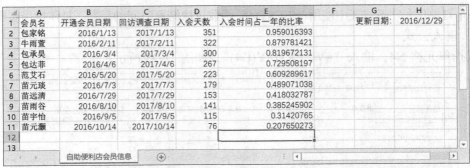

图 11-36　完善的【自助便利店会员信息】工作表

2. 训练要求

（1）在【自助便利店会员信息】工作表中计算会员回访调查日期。

（2）在【自助便利店会员信息】工作表中计算会员的入会天数。

（3）在【自助便利店会员信息】工作表中计算会员的入会时间占一年的比率。

项目 ⑫ 使用数学函数处理企业的营业数据

技能目标

能使用数学函数进行计算。

知识目标

掌握 PRODUCT 函数、SUM 函数、SUMIF 函数、QUOTIENT 函数、INT 函数等数学函数的使用方法。

项目背景

某餐饮企业为了提高业绩，需要对其营业数据进行分析。该餐饮企业现有一个不完善的【8 月营业数据】工作表，如图 12-1 所示，现需使用数学函数对其进行完善，包括计算折后金额、8 月营业总额（不含折扣）、8 月 1 日营业总额（不含折扣）、8 月平均每日营业额（不含折扣且计算结果只取整数部分）和取整得出的实付金额，以便对营业数据进行分析。

	A	B	C	D	E	F	G	H		I	J	K
1	顾客姓名	会员星级	消费金额	折扣率	折后金额	实付金额	日期		8月营业总额（不含折扣）：			
2	苗宇怡	一星级	771	0.9			2016/8/1		8月1日营业总额（不含折扣）：			
3	李靖	三星级	394	0.8			2016/8/1		8月平均每日营业额：			
4	卓永梅	三星级	198	0.8			2016/8/1					
5	张大鹏	四星级	465	0.75			2016/8/1					
6	李小东	四星级	465	0.75			2016/8/1					
7	沈晓雯	三星级	302	0.8			2016/8/1					
8	苗泽坤	四星级	269	0.75			2016/8/1					
9	李达明	非会员	738	0.95			2016/8/1					
10	蓝娜	非会员	407	0.95			2016/8/1					
11	沈丹丹	非会员	189	0.95			2016/8/1					
12	冷亮	非会员	139	0.95			2016/8/1					
13	徐骏太	四星级	908	0.75			2016/8/1					

图 12-1　不完善的【8 月营业数据】工作表

项目目标

在某餐饮企业的【8 月营业数据】工作表中，使用数学函数对营业数据进行数学计算，完善【8 月营业数据】工作表。

（1）使用 PRODUCT 函数计算折后金额。

（2）使用 SUM 函数计算 8 月营业总额（不含折扣）。

（3）使用 SUMIF 函数计算 8 月 1 日营业总额（不含折扣）。

（4）使用 QUOTIENT 函数计算 8 月平均每日营业额（不含折扣且计算结果只取整数部分）。

（5）使用 INT 函数对折后金额进行取整，得出实付金额。

12.1　使用 PRODUCT 函数计算折后金额

PRODUCT 函数可以求所有以参数形式给出的数字的乘积，其使用格式如下。

```
PRODUCT(number1, number2, …)
```

PRODUCT 函数的常用参数及其解释如表 12-1 所示。

表 12-1　PRODUCT 函数的常用参数及其解释

参　　数	参数解释
number1	必需。表示要相乘的第一个数字或区域。可以是数字、单元格引用和单元格区域引用
number2,…	可选。表示要相乘的第 2~255 个数字或区域，即可以像 number1 那样最多指定 255 个参数

在【8 月营业数据】工作表中使用 PRODUCT 函数计算折后金额，具体操作步骤如下。

1．输入公式

选择单元格 E2，输入"=PRODUCT(C2,D2)"，如图 12-2 所示。

图 12-2　输入"=PRODUCT(C2,D2)"

2．确定公式

按下【Enter】键，即可计算折后金额，计算结果如图 12-3 所示。

3．填充公式

选择单元格 E2，移动鼠标指针到单元格 E2 的右下角，当指针变为黑色且加粗的"+"时，双击左键，即可计算剩余的折后金额，如图 12-4 所示。

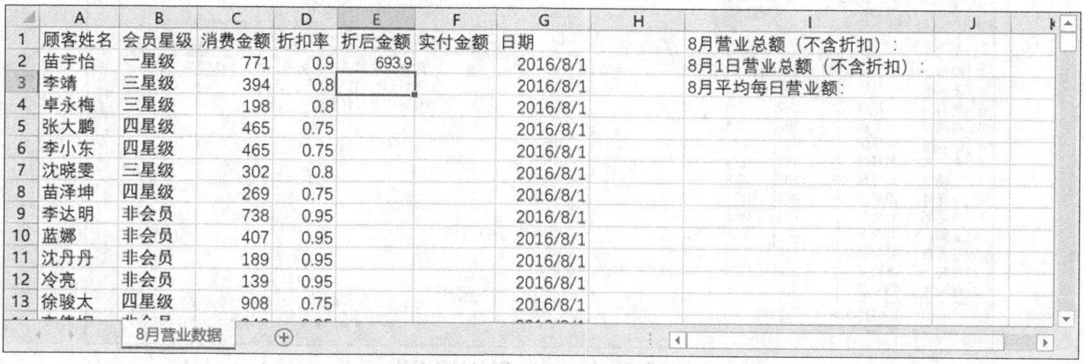

图 12-3 使用 PRODUCT 函数计算折后金额

图 12-4 使用 PRODUCT 函数计算剩余的折后金额

12.2 使用 SUM 函数计算 8 月营业总额

SUM 函数是求和函数，可以返回某一单元格区域中数字、逻辑值和数字的文本表达式、直接键入的数字之和。SUM 函数的使用格式如下。

```
SUM(number1, number2, ...)
```

SUM 函数的常用参数及其解释如表 12-2 所示。

表 12-2　SUM 函数的常用参数及其解释

参　　数	参数解释
number1	必需。表示要相加的第 1 个数字或区域。可以是数字、单元格引用或单元格区域引用，如 4、A6 和 A1:B3
number2, …	可选。表示要相加的第 2~255 个数字或区域，即可以像 number1 那样最多指定 255 个参数

在【8 月营业数据】工作表中使用 SUM 函数计算 8 月营业总额（不含折扣），具体操作步骤如下。

1．输入公式

选择单元格 J1，输入 "=SUM(C:C)"，如图 12-5 所示。

图 12-5 输入 "=SUM(C:C)"

2. 确定公式

按下【Enter】键，即可计算 8 月营业总额（不含折扣），计算结果如图 12-6 所示。

图 12-6 8 月营业总额（不含折扣）

12.3 使用 SUMIF 函数按条件计算 8 月 1 日营业总额

SUMIF 函数是条件求和函数，即根据给定的条件对指定单元格的数值求和。SUMIF 函数的使用格式如下。

```
SUMIF(range, criteria, [sum_range])
```

SUMIF 函数的常用参数及其解释如表 12-3 所示。

表 12-3 SUMIF 函数的常用参数及其解释

参　数	参数解释
range	必需。表示根据条件进行计算的单元格区域，即设置条件的单元格区域。区域内的单元格必须是数字、名称、数组或包含数字的引用，空值和文本值将会被忽略
criteria	必需。表示求和的条件。其形式可以是数字、表达式、单元格引用、文本或函数。指定的条件（引用单元格和数字除外）必须用双引号 """" 括起来
sum. range	可选。表示实际求和的单元格区域。如果省略此参数，Excel 会把 range 参数中指定的单元格区域设为实际求和区域

在 criteria 参数中，还可以使用通配符（星号 "*"、问号 "?" 和波形符 "~"），通配符的解释如表 12-4 所示。

表 12-4　通配符的解释

通配符	作　用	示　例	示例说明
星号 "*"	匹配任意一串字节	李*或*星级	任意以 "李" 开头的文本或任意以 "星级" 结尾的文本
问号 "?"	匹配任意单个字符	李??或?星级	"李" 后面一定是两个字符的文本或 "星级" 前面一定是一个字符的文本
波形符 "~"	指定不将 "*" "?" 视为通配符看待	李~*	*代表字符，不再有通配符的作用

在【8 月营业数据】工作表中使用 SUMIF 函数计算 8 月 1 日营业总额（不含折扣），具体操作步骤如下。

1. 输入公式

选择单元格 J2，输入 "=SUMIF(G:G,"2016/8/1",C:C)"，如图 12-7 所示。

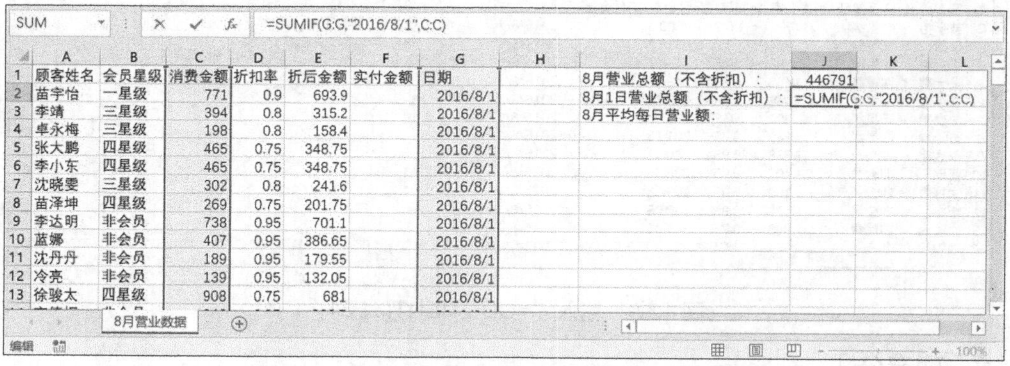

图 12-7　输入 "=SUMIF(G:G,"2016/8/1",C:C)"

2. 确定公式

按下【Enter】键，即可计算 8 月 1 日营业总额（不含折扣），计算结果如图 12-8 所示。

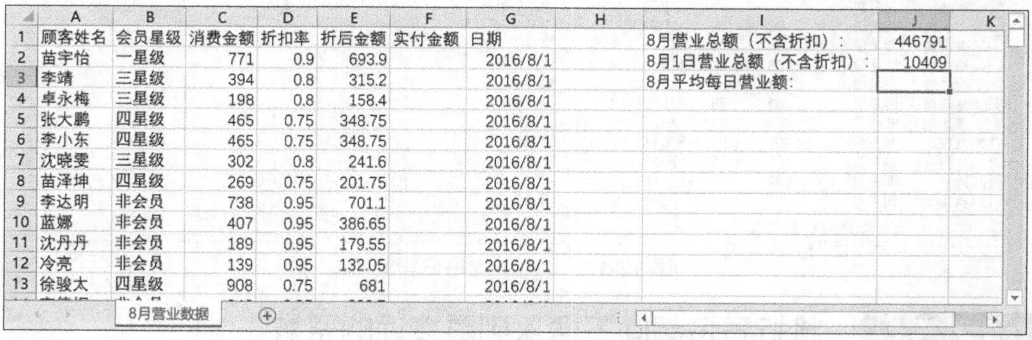

图 12-8　8 月 1 日营业总额（不含折扣）

12.4　使用 QUOTIENT 函数计算 8 月平均每日营业额

QUOTIENT 函数的作用是计算并返回除法的整数部分。QUOTIENT 函数的使用格式如下。

```
QUOTIENT(numerator, denominator)
```

QUOTIENT 函数的常用参数及其解释如表 12-5 所示。

表 12-5　QUOTIENT 函数的常用参数及其解释

参　　数	参数解释
numerator	必需。表示被除数。可以是数字、单元格引用或单元格区域引用
denominator	必需。表示除数。可以是数字、单元格引用或单元格区域引用

在【8 月营业数据】工作表中使用 QUOTIENT 函数计算 8 月平均每日营业额（不含折扣且计算结果只取整数部分），具体操作步骤如下。

1. 输入公式

选择单元格 J3，输入 "=QUOTIENT(J1,31)"，如图 12-9 所示。

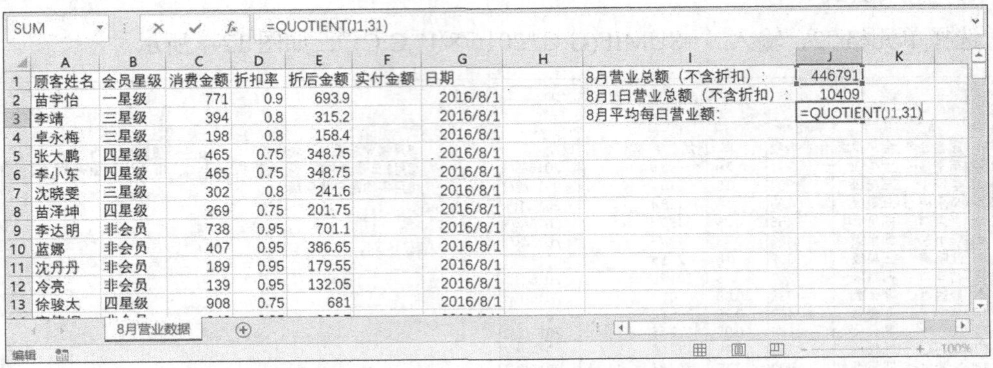

图 12-9　输入 "=QUOTIENT(J1,31)"

2. 确定公式

按下【Enter】键，即可计算 8 月平均每日营业额，计算结果如图 12-10 所示。

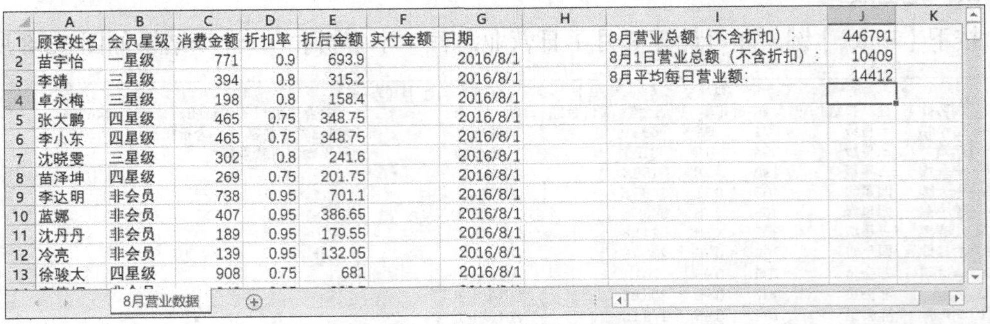

图 12-10　8 月平均每日营业额

12.5　将折后金额向下舍入到最接近的整数

INT 函数的作用是将数值向下舍入到最接近的整数。INT 函数的使用格式如下。

```
INT(number)
```

INT 函数的常用参数及其解释如表 12-6 所示。

表 12-6　INT 函数的常用参数及其解释

参　数	参数解释
number	必需。表示向下舍入取整的实数。可以是数字、单元格引用或单元格区域引用

使用 PRODUCT 函数计算的折后金额可能包含小数点的后两位数，这不符合实际支付的情况，需要对折后金额进行取整。在【8 月营业数据】工作表中使用 INT 函数对折后金额向下舍入到最接近的整数，具体操作步骤如下。

1. 输入公式

选择单元格 F2，输入“=INT(E2)”，如图 12-11 所示。

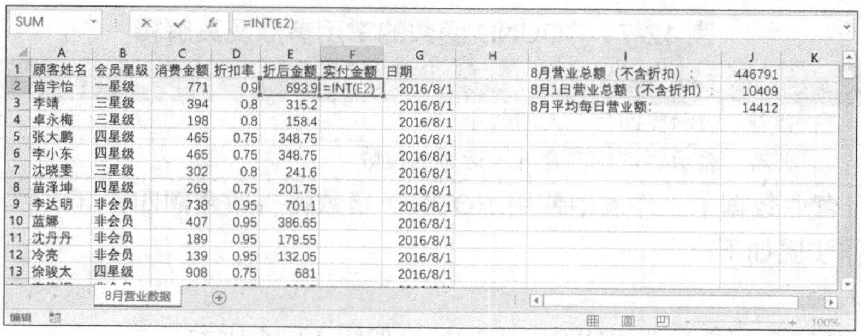

SUM　=INT(E2)

	A	B	C	D	E	F	G	H	I	J
1	顾客姓名	会员星级	消费金额	折扣率	折后金额	实付金额	日期		8月营业总额（不含折扣）：	446791
2	苗宇怡	一星级	771	0.9	693.9	=INT(E2)	2016/8/1		8月1日营业总额（不含折扣）：	10409
3	李靖	三星级	394	0.8	315.2		2016/8/1		8月平均每日营业额：	14412
4	卓永梅	三星级	198	0.8	158.4		2016/8/1			
5	张大鹏	四星级	465	0.75	348.75		2016/8/1			
6	李小东	四星级	465	0.75	348.75		2016/8/1			
7	沈晓雯	三星级	302	0.8	241.6		2016/8/1			
8	苗泽坤	四星级	269	0.75	201.75		2016/8/1			
9	李达明	非会员	738	0.95	701.1		2016/8/1			
10	蓝娜	非会员	407	0.95	386.65		2016/8/1			
11	沈丹丹	非会员	189	0.95	179.55		2016/8/1			
12	冷亮	非会员	139	0.95	132.05		2016/8/1			
13	徐骏太	四星级	908	0.75	681		2016/8/1			

8月营业数据

图 12-11　输入“=INT(E2)”

2. 确定公式

按下【Enter】键，即可对折后金额向下舍入到最接近的整数，计算结果如图 12-12 所示。

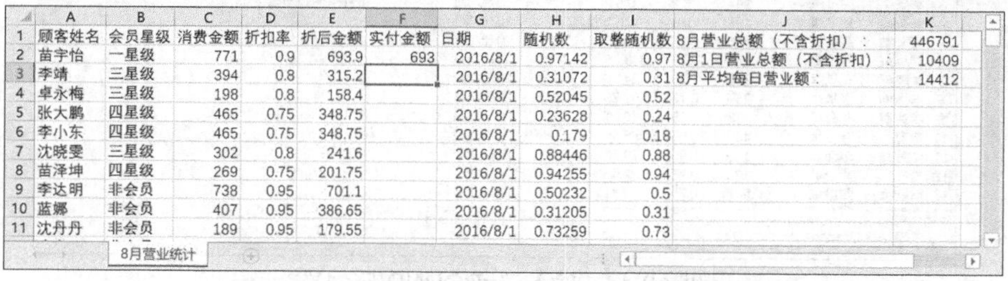

	A	B	C	D	E	F	G	H	I	J	K
1	顾客姓名	会员星级	消费金额	折扣率	折后金额	实付金额	日期	随机数	取整随机数	8月营业总额（不含折扣）：	446791
2	苗宇怡	一星级	771	0.9	693.9	693	2016/8/1	0.97142	0.97	8月1日营业总额（不含折扣）：	10409
3	李靖	三星级	394	0.8	315.2		2016/8/1	0.31072	0.31	8月平均每日营业额：	14412
4	卓永梅	三星级	198	0.8	158.4		2016/8/1	0.52045	0.52		
5	张大鹏	四星级	465	0.75	348.75		2016/8/1	0.23628	0.24		
6	李小东	四星级	465	0.75	348.75		2016/8/1	0.179	0.18		
7	沈晓雯	三星级	302	0.8	241.6		2016/8/1	0.88446	0.88		
8	苗泽坤	四星级	269	0.75	201.75		2016/8/1	0.94255	0.94		
9	李达明	非会员	738	0.95	701.1		2016/8/1	0.50232	0.5		
10	蓝娜	非会员	407	0.95	386.65		2016/8/1	0.31205	0.31		
11	沈丹丹	非会员	189	0.95	179.55		2016/8/1	0.73259	0.73		

8月营业统计

图 12-12　对折后金额向下舍入到最接近的整数

3. 填充公式

选择单元格 F2，移动鼠标指针到单元格 F2 的右下角，当指针变为黑色且加粗的“+”时，双击左键，即可对剩余的折后金额向下舍入到最接近的整数，如图 12-13 所示。

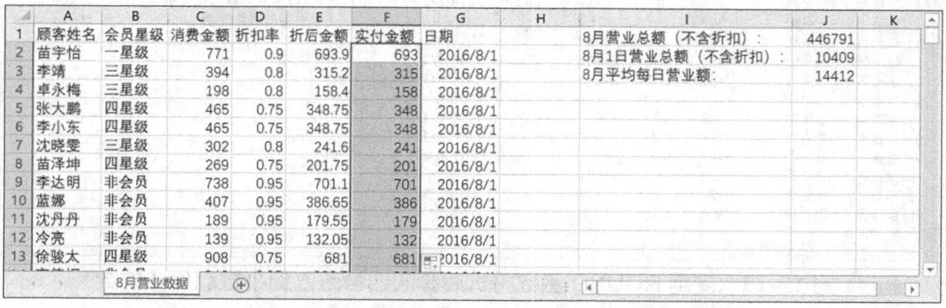

	A	B	C	D	E	F	G	H	I	J
1	顾客姓名	会员星级	消费金额	折扣率	折后金额	实付金额	日期		8月营业总额（不含折扣）：	446791
2	苗宇怡	一星级	771	0.9	693.9	693	2016/8/1		8月1日营业总额（不含折扣）：	10409
3	李靖	三星级	394	0.8	315.2	315	2016/8/1		8月平均每日营业额：	14412
4	卓永梅	三星级	198	0.8	158.4	158	2016/8/1			
5	张大鹏	四星级	465	0.75	348.75	348	2016/8/1			
6	李小东	四星级	465	0.75	348.75	348	2016/8/1			
7	沈晓雯	三星级	302	0.8	241.6	241	2016/8/1			
8	苗泽坤	四星级	269	0.75	201.75	201	2016/8/1			
9	李达明	非会员	738	0.95	701.1	701	2016/8/1			
10	蓝娜	非会员	407	0.95	386.65	386	2016/8/1			
11	沈丹丹	非会员	189	0.95	179.55	179	2016/8/1			
12	冷亮	非会员	139	0.95	132.05	132	2016/8/1			
13	徐骏太	四星级	908	0.75	681	681	2016/8/1			

8月营业数据

图 12-13　对剩余的折后金额向下舍入到最接近的整数

12.6 技能拓展

Excel 2016 提供的取整函数主要包括 INT、ROUND、FLOOR 和 CEILING 函数。在 12.5 节中已经展示了 INT 函数的用法，分别使用其余的取整函数对【8 月营业数据】工作表中的折后金额进行取整，从而了解它们的用法和区别。

1. 使用 ROUND 函数对折后金额四舍五入到指定的位数

ROUND 函数可以将数字四舍五入到指定的位数。ROUND 函数的使用格式如下。

```
ROUND(number, num_digits)
```

ROUND 函数的常用参数及其解释如表 12-7 所示。

表 12-7　ROUND 函数的常用参数及其解释

参　数	参数解释
number	必需。表示要四舍五入的数字
num_digits	必需。表示要进行四舍五入运算的位数

在【8 月营业数据】工作表中使用 ROUND 函数将折后金额四舍五入到小数点后一位数，具体操作步骤如下。

（1）输入公式

选择单元格 F2，输入“=ROUND(E2,1)”，如图 12-14 所示。

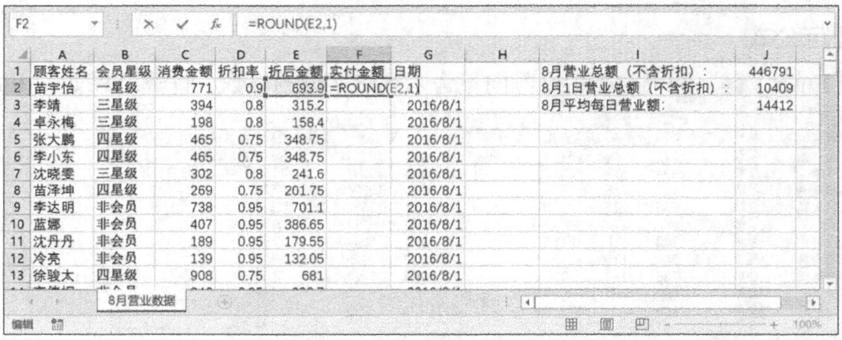
F2　=ROUND(E2,1)

	A	B	C	D	E	F	G	H	I	J
1	顾客姓名	会员星级	消费金额	折扣率	折后金额	实付金额	日期		8月营业总额（不含折扣）:	446791
2	苗宇怡	一星级	771	0.9	693.9	=ROUND(E2,1)			8月1日营业总额（不含折扣）:	10409
3	李靖	三星级	394	0.8	315.2		2016/8/1		8月平均每日营业额:	14412
4	卓永梅	三星级	198	0.8	158.4		2016/8/1			
5	张大鹏	四星级	465	0.75	348.75		2016/8/1			
6	李小东	四星级	465	0.75	348.75		2016/8/1			
7	沈晓雯	三星级	302	0.8	241.6		2016/8/1			
8	苗泽坤	四星级	269	0.75	201.75		2016/8/1			
9	李达明	非会员	738	0.95	701.1		2016/8/1			
10	蓝娜	非会员	407	0.95	386.65		2016/8/1			
11	沈丹丹	非会员	189	0.95	179.55		2016/8/1			
12	冷亮	非会员	139	0.95	132.05		2016/8/1			
13	徐骏太	四星级	908	0.75	681		2016/8/1			

8月营业数据

图 12-14　输入“=ROUND(E2,1)”

（2）确定公式

按下【Enter】键，即可将随机数四舍五入到小数点后一位数，计算结果如图 12-15 所示。

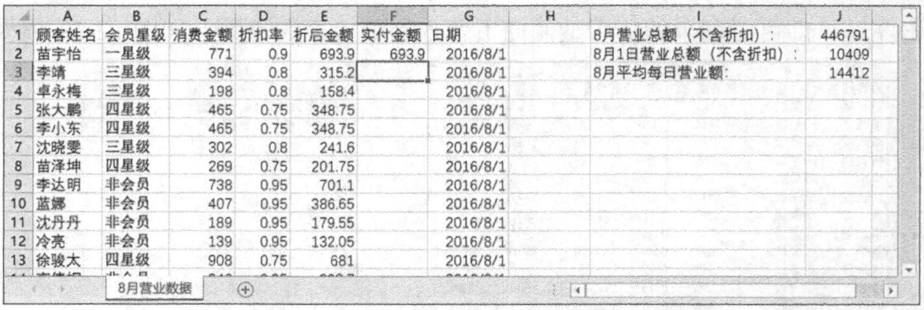

	A	B	C	D	E	F	G	H	I	J
1	顾客姓名	会员星级	消费金额	折扣率	折后金额	实付金额	日期		8月营业总额（不含折扣）:	446791
2	苗宇怡	一星级	771	0.9	693.9	693.9	2016/8/1		8月1日营业总额（不含折扣）:	10409
3	李靖	三星级	394	0.8	315.2		2016/8/1		8月平均每日营业额:	14412
4	卓永梅	三星级	198	0.8	158.4		2016/8/1			
5	张大鹏	四星级	465	0.75	348.75		2016/8/1			
6	李小东	四星级	465	0.75	348.75		2016/8/1			
7	沈晓雯	三星级	302	0.8	241.6		2016/8/1			
8	苗泽坤	四星级	269	0.75	201.75		2016/8/1			
9	李达明	非会员	738	0.95	701.1		2016/8/1			
10	蓝娜	非会员	407	0.95	386.65		2016/8/1			
11	沈丹丹	非会员	189	0.95	179.55		2016/8/1			
12	冷亮	非会员	139	0.95	132.05		2016/8/1			
13	徐骏太	四星级	908	0.75	681		2016/8/1			

8月营业数据

图 12-15　使用 ROUND 函数将折后金额四舍五入到小数点后一位数

（3）填充公式

选择单元格 F2，移动鼠标指针到单元格 F2 的右下角，当指针变为黑色且加粗的"+"时，双击左键，即可将剩余的随机数四舍五入到小数点后一位数，如图 12-16 所示。

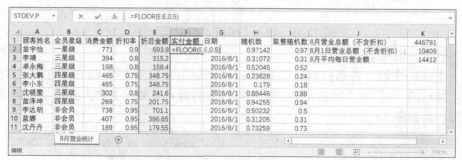

图 12-16　将剩余的随机数四舍五入到小数点后一位数

2. 使用 FLOOR 函数将折后金额向下舍入到最接近的指定数值的倍数

FLOOR 函数可以将数值向下（沿绝对值减小的方向）舍入到最接近的指定数值的倍数。FLOOR 函数的使用格式如下。

```
FLOOR(number, significance)
```

FLOOR 函数的常用参数及其解释如表 12-8 所示。

表 12-8　FLOOR 函数的常用参数及其解释

参　数	参数解释
number	必需。表示要舍入的数值
significance	必需。表示要舍入到的倍数

在【8月营业数据】工作表中使用 FLOOR 函数对折后金额向下（沿绝对值减小的方向）舍入到最接近 0.5 的倍数，具体操作步骤如下。

（1）输入公式

选择单元格 F2，输入"=FLOOR(E:E,0.5)"，如图 12-17 所示。

图 12-17　输入"=FLOOR(E:E,0.5)"

（2）确定并填充公式

按下【Enter】键，选择单元格 F2，移动鼠标指针到单元格 F2 的右下角，当指针变为黑色且加粗的"+"时，双击左键即可将剩余的折后金额向下（沿绝对值减小的方向）舍入到最接近 0.5 的倍数，计算结果如图 12-18 所示。

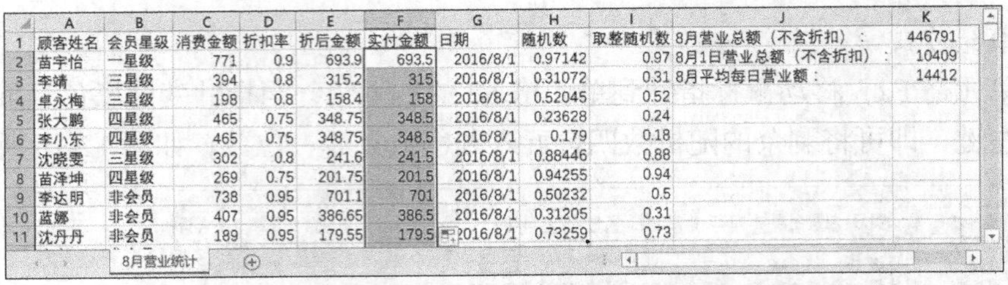

图 12-18　将剩余的折后金额向下舍入到最接近 0.5 的倍数

3. 使用 CEILING 函数将折后金额向上舍入到最接近的指定数值的倍数

CEILING 函数可以将数值向上（沿绝对值增大的方向）舍入到最接近的指定数值的倍数，CEILING 函数的使用格式如下。

```
CEILING(number, significance)
```

CEILING 函数的常用参数及其解释如表 12-9 所示。

表 12-9　CEILING 函数的常用参数及其解释

参　　数	参数解释
number	必需。表示要舍入的值
significance	必需。表示要舍入到的倍数

在【8 月营业数据】工作表中使用 CEILING 函数将折后金额向上（沿绝对值增大的方向）舍入到最接近的 0.5 的倍数，具体操作步骤如下。

（1）输入公式

选择单元格 F2，输入"=CEILING(E:E,0.5)"，如图 12-19 所示。

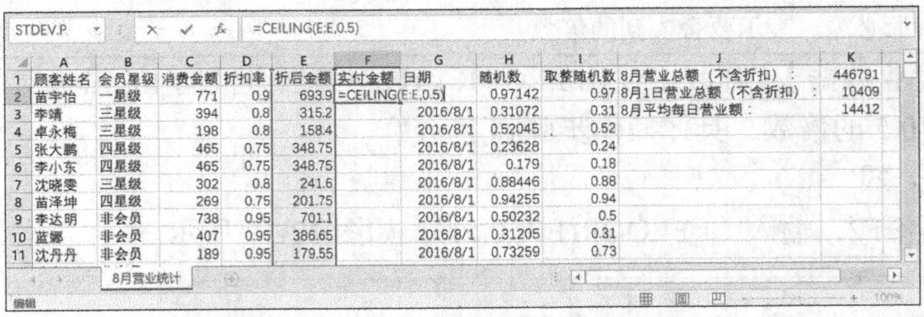

图 12-19　输入"=CEILING(E:E,0.5)"

（2）确定并填充公式

按下【Enter】键，并选择单元格 F2，移动鼠标指针到单元格 F2 的右下角，当指针变为黑色且加粗的"+"时，双击左键，即可将剩余的折后金额向上舍入到最接近的 0.5 的倍数，计算结果如图 12-20 所示。

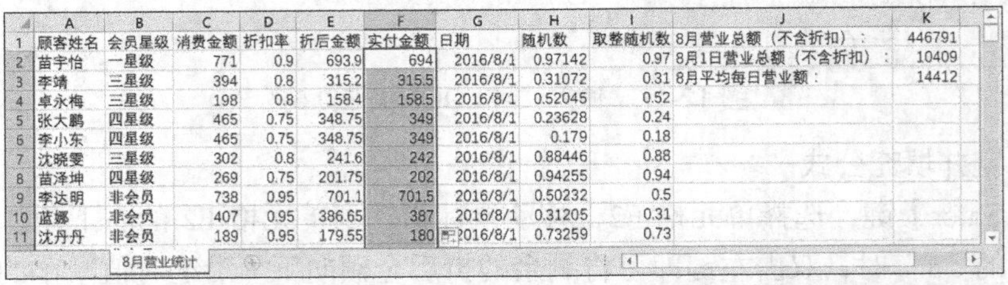

图 12-20　将剩余的折后金额向上舍入到最接近的 0.5 的倍数

12.7　技能训练

1．训练目的

现有一个【自助便利店销售数据】工作表，存放了部分该便利店第3季度的销售数据，如图12-21所示，现需使用数学函数对其进行完善，包括计算总价、营业总额（含小数）、营业总额（不含小数）、饮料类商品的营业总额和第3季度平均每日营业额，以便该便利店对其销售数据进行分析，从而提高业绩。

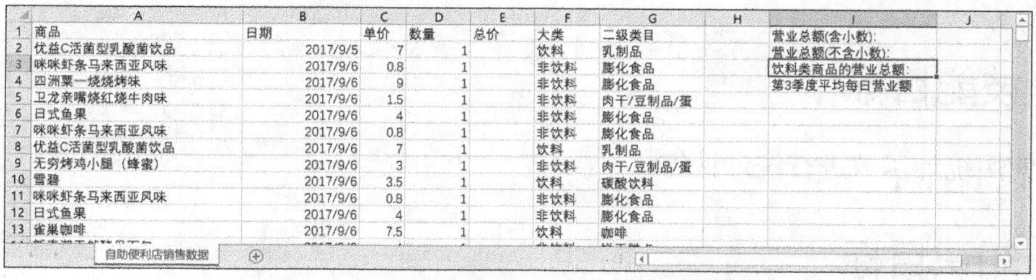

图12-21　【自助便利店销售数据】工作表

2．训练要求

（1）使用 PRODUCT 函数计算总价。

（2）使用 SUM 函数计算营业总额（含小数）。

（3）使用 INT 函数对营业总额（含小数）进行取整，得出营业总额（不含小数）。

（4）使用 SUMIF 函数计算饮料类商品的营业总额。

（5）使用 QUOTIENT 函数计算第3季度平均每日营业额（不含折扣且计算结果只取整数部分）。

项目 ⑬ 使用统计函数处理企业的营业数据

技能目标

能使用统计函数进行统计计算。

知识目标

掌握 COUNT 函数、COUNTIF 函数、AVERAGE 函数、AVERAGEIF 函数、MAX 函数、LARGE 函数、MIN 函数、SMALL 函数、MODE、SNGL 函数、FREQUENCY 函数、MEDIAN 函数等统计函数的使用方法。

项目背景

必须坚持在发展中保障和改善民生，某餐饮企业为了提高业绩，需要对其营业数据进行分析，但该餐饮企业的【8 月订单信息】工作表并不完善，如图 13-1 所示，需要先使用统计函数对其营业数据进行完善，包括统计个数，计算平均值[1]、最大值、最小值、众数[2]、频率[3]、中值[4]，以便对营业数据进行分析。

	A	B	C	D	E	F	G	H	I	J	K
1	订单号	会员名	店铺名	消费金额	日期		8月订单数:			消费金额区间	订单数
2	201608010417	苗宇怡	私房小站（盐田分店）	165	2016/8/1		8月1日订单数:			300	
3	201608010301	李靖	私房小站（罗湖分店）	321	2016/8/1		8月平均每个订单的消费金额:			600	
4	201608010413	卓永梅	私房小站（盐田分店）	854	2016/8/1		盐田分店8月平均每个订单的消费金额:			1000	
5	201608010415	张大鹏	私房小站（罗湖分店）	466	2016/8/1		消费金额最大值:				
6	201608010392	李小东	私房小站（番禺分店）	704	2016/8/1		消费金额第二大值:				
7	201608010381	沈晓雯	私房小站（天河分店）	239	2016/8/1		消费金额最小值:				
8	201608010429	苗泽坤	私房小站（福田分店）	699	2016/8/1		消费金额第二小值:				
9	201608010433	李达明	私房小站（番禺分店）	511	2016/8/1		消费金额的众数:				
10	201608010569	蓝娜	私房小站（盐田分店）	326	2016/8/1		消费金额的中值:				
11	201608010655	沈丹丹	私房小站（顺德分店）	263	2016/8/1						
12	201608010577	冷亮	私房小站（天河分店）	380	2016/8/1						
13	201608010622	徐骏太	私房小站（天河分店）	164	2016/8/1						

8月订单信息

图 13-1 不完善的【8 月订单信息】工作表

项目目标

对私房小站所有店的【8 月订单信息】工作表进行统计计算，包括统计个数，计算平均值、最大值、最小值、众数、频率、中值。

项目分析

（1）使用 COUNT 函数统计私房小站所有店的 8 月订单数。

（2）使用 COUNTIF 函数统计私房小站所有店的 8 月 1 日订单数。

（3）使用 AVERAGE 函数计算私房小站所有店的 8 月平均每个订单的消费金额。

（4）使用 AVERAGEIF 函数计算私房小站的盐田分店的 8 月平均每个订单的消费金额。

（5）使用 MAX 函数计算消费金额的最大值。

（6）使用 LARGE 函数计算消费金额的第二大值。

（7）使用 MIN 函数计算消费金额的最小值。

（8）使用 SMALL 函数计算消费金额的第二小值。

（9）使用 MODE.SNGL 函数计算清费金额的众数。

（10）使用 FREQUENCY 函数计算消费金额在给定区域出现的频率。

（11）使用 MEDIAN 函数计算消费金额的中值。

13.1　统计个数

13.1.1　统计私房小站 8 月订单数

COUNT 函数可以统计包含数字的单元格个数，以及参数列表中数字的个数，其使用格式如下。

```
COUNT(value1, value2, ...)
```

COUNT 函数的常用参数及其解释如表 13-1 所示。

表 13-1　COUNT 函数的常用参数及其解释

参　　数	参数解释
value1	必需。表示要计算其中数字的单元格个数的第 1 项。可以是数组、单元格引用或区域。只有数字类型的数据才会被计算，如数字、日期
value2, ...	可选。表示要计算其中数字的单元格个数的第 2～255 项，即可以像参数 value1 那样最多指定 255 个参数

在【8 月订单信息】工作表中使用 COUNT 函数统计私房小站所有店的 8 月订单数，具体操作步骤如下。

1. 输入公式

选择单元格 H1，输入 "=COUNT(D:D)"，如图 13-2 所示。

图 13-2　输入 "=COUNT(D:D)"

2. 确定公式

按下【Enter】键，即可使用 COUNT 函数统计私房小站 8 月订单数，统计结果如图 13-3 所示。

图 13-3 私房小站 8 月订单数

13.1.2 统计私房小站 8 月 1 日订单数

COUNTIF 函数可以统计满足某个条件的单元格的数量，其使用格式如下。

```
COUNTIF(range, criteria)
```

COUNTIF 函数的常用参数及其解释如表 13-2 所示。

表 13-2 COUNTIF 函数的常用参数及其解释

参 数	参数解释
range	必需。表示要查找的单元格区域
criteria	必需。表示查找的条件，可以是数字、表达式或者文本

在【8 月订单信息】工作表中使用 COUNTIF 函数统计私房小站所有店的 8 月 1 日订单数，具体操作步骤如下。

1. 输入公式

选择单元格 H2，输入"=COUNTIF(E:E,"2016/8/1")"，如图 13-4 所示。

图 13-4 输入"=COUNTIF(E:E,"2016/8/1")"

2. 确定公式

按下【Enter】键，即可使用 COUNTIF 函数统计私房小站 8 月 1 日订单数，统计结果如图 13-5 所示。

图 13-5　私房小站 8 月 1 日订单数

13.2　计算平均值

13.2.1　计算私房小站 8 月平均每个订单的消费金额

AVERAGE 函数可以计算参数的平均值（算术平均值[5]），其使用格式如下。

```
AVERAGE(number1, number2, ...)
```

AVERAGE 函数的常用参数及其解释如表 13-3 所示。

表 13-3　AVERAGE 函数的常用参数及其解释

参　　数	参数解释
number1	必需。要计算平均值的第一个数字、单元格引用或单元格区域
number2, ...	可选。要计算平均值的第 2～255 个数字、单元格引用或单元格区域，最多可包含 255 个

在【8 月订单信息】工作表中使用 AVERAGE 函数计算私房小站所有店的 8 月平均每个订单的消费金额，具体操作步骤如下。

1．输入公式

选择单元格 H3，输入"=AVERAGE(D:D)"，如图 13-6 所示。

图 13-6　输入"=AVERAGE(D:D)"

2．确定公式

按下【Enter】键，即可使用 AVERAGE 函数计算私房小站 8 月平均每个订单的消费金额，计算结果如图 13-7 所示。

图 13-7　私房小站 8 月平均每个订单的消费金额

13.2.2　计算私房小站的盐田分店的 8 月平均每个订单的消费金额

AVERAGEIF 函数可以计算某个区域内满足给定条件的所有单元格的平均值（算术平均值）。AVERAGEIF 函数的使用格式如下。

```
AVERAGEIF(range, criteria, average_range)
```

AVERAGEIF 函数的常用参数及其解释如表 13-4 所示。

表 13-4　AVERAGEIF 函数的常用参数及其解释

参　　数	参数解释
range	必需。表示要计算平均值的一个或多个单元格（即要判断条件的区域），其中包含数字或数字的名称、数组、引用
criteria	必需。表示给定的条件，可以是数字、表达式、单元格引用或文本形式的条件
average_range	可选。表示要计算平均值的实际单元格区域。若省略此参数，则使用 range 参数指定的单元格区域

在【8 月订单信息】工作表中，使用 AVERAGEIF 函数计算私房小站的盐田分店的 8 月平均每个订单的消费金额，具体操作步骤如下。

1．输入公式

选择单元格 H4，输入"=AVERAGEIF(C:C,"私房小站（盐田分店）",D:D)"，如图 13-8 所示。

图 13-8　输入"=AVERAGEIF(C:C,"私房小站（盐田分店）",D:D)"

2．确定公式

按下【Enter】键，即可使用 AVERAGEIF 函数计算私房小站 8 月平均每个订单的消费金额，计算结果如图 13-9 所示。

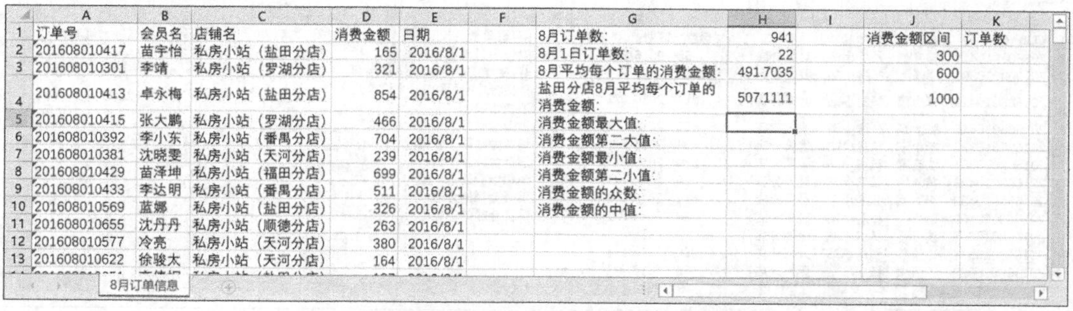

图 13-9　8 月平均每个订单的消费金额

13.3　计算最大值和最小值

13.3.1　计算消费金额的最大值

MAX 函数可以返回一组值中的最大值，其使用格式如下。

```
MAX(number1, number2, ...)
```

MAX 函数的常用参数及其解释如表 13-5 所示。

表 13-5　MAX 函数的常用参数及其解释

参　　数	参数解释
number1	必需。表示要查找最大值的第 1 个数字参数，可以是数字、数组或单元格引用
number2, ...	可选。表示要查找最大值的第 2~255 个数字参数，即可以像参数 number1 那样最多指定 255 个参数

在【8 月订单信息】工作表中使用 MAX 函数计算消费金额的最大值，具体操作步骤如下。

1．输入公式

选择单元格 H5，输入"=MAX(D:D)"，如图 13-10 所示。

图 13-10　输入"=MAX(D:D)"

2. 确定公式

按下【Enter】键，即可使用 MAX 函数计算消费金额的最大值，计算结果如图 13-11 所示。

	A	B	C	D	E	F	G	H	I	J	K
1	订单号	会员名	店铺名	消费金额	日期		8月订单数：	941		消费金额区间	订单数
2	201608010417	苗宇怡	私房小站（盐田分店）	165	2016/8/1		8月1日订单数：	22		300	
3	201608010301	李靖	私房小站（罗湖分店）	321	2016/8/1		8月平均每个订单的消费金额：	491.7035		600	
4	201608010413	卓永梅	私房小站（盐田分店）	854	2016/8/1		盐田分店8月平均每个订单的消费金额：	507.1111		1000	
5	201608010415	张大鹏	私房小站（罗湖分店）	466	2016/8/1		消费金额最大值：	1314			
6	201608010392	李小东	私房小站（番禺分店）	704	2016/8/1		消费金额第二大值：				
7	201608010381	沈晓雯	私房小站（天河分店）	239	2016/8/1		消费金额最小值：				
8	201608010429	苗泽坤	私房小站（福田分店）	699	2016/8/1		消费金额第二小值：				
9	201608010433	李达明	私房小站（番禺分店）	511	2016/8/1		消费金额的众数：				
10	201608010569	蓝娜	私房小站（盐田分店）	326	2016/8/1		消费金额的中值：				
11	201608010655	沈丹丹	私房小站（顺德分店）	263	2016/8/1						
12	201608010577	冷亮	私房小站（天河分店）	380	2016/8/1						
13	201608010622	徐骏太	私房小站（天河分店）	164	2016/8/1						

8月订单信息

图 13-11　消费金额的最大值

13.3.2　计算消费金额的第二大值

LARGE 函数可以返回数据集中第 k 大值，其使用格式如下。

```
LARGE(array, k)
```

LARGE 函数的常用参数及其解释如表 13-6 所示。

表 13-6　LARGE 函数的常用参数及其解释

参　　数	参数解释
array	必需。表示需要查找的第 k 大值的数组或数据区域
k	必需。表示返回值在数组或数据单元格区域中的位置（从大到小排列）

在【8月订单信息】工作表中使用 LARGE 函数计算消费金额的第二大值，具体操作步骤如下。

1. 输入公式

选择单元格 H6，输入"=LARGE(D:D,2)"，如图 13-12 所示。

图 13-12　输入"=LARGE(D:D,2)"

2. 确定公式

按下【Enter】键，即可使用 LARGE 函数计算消费金额的第二大值，计算结果如图 13-13 所示。

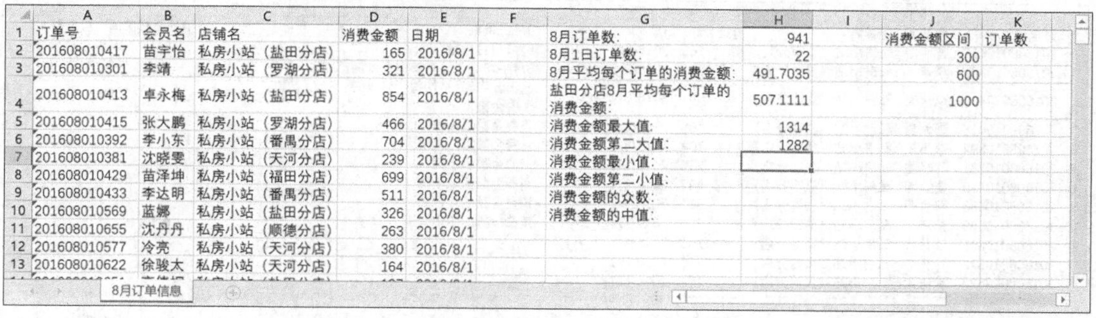

图 13-13　消费金额的第二大值

13.3.3　计算消费金额的最小值

MIN 函数可以返回一组值中的最小值，其使用格式如下。

```
MIN(number1, number2, ...)
```

MIN 函数的常用参数及其解释如表 13-7 所示。

表 13-7　LARGE 函数的常用参数及其解释

参　　数	参数解释
number1	必需。表示要查找最小值的第 1 个数字参数，可以是数字、数组或单元格引用
number2, ...	可选。表示要查找最小值的第 2~255 个数字参数，即可以像参数 number1 那样最多指定 255 个参数

在【8 月订单信息】工作表中使用 MIN 函数计算消费金额的最小值，具体操作步骤如下。

1. 输入公式

选择单元格 H7，输入 "=MIN(D:D)"，如图 13-14 所示。

图 13-14　输入 "=MIN(D:D)"

2. 确定公式

按下【Enter】键，即可使用 MIN 函数计算消费金额的最小值，计算结果如图 13-15 所示。

153

图 13-15　消费金额的最小值

13.3.4　消费金额的第二小值

SMALL 函数可以返回数据集中的第 k 小值，其使用格式如下。

```
SMALL(array, k)
```

SMALL 函数的常用参数及其解释如表 13-8 所示。

表 13-8　SMALL 函数的常用参数及其解释

参　数	参数解释
array	必需。表示需要查找的第 k 小值的数组或数据区域
k	必需。表示返回值在数组或数据单元格区域中的位置（从小到大排列）

在【8 月订单信息】工作表中使用 SMALL 函数计算消费金额的第二小值，具体操作步骤如下。

1.　输入公式

选择单元格 H8，输入"=SMALL(D:D,2)"，如图 13-16 所示。

图 13-16　输入"=SMALL(D:D,2)"

2.　确定公式

按下【Enter】键，即可使用 SMALL 函数计算消费金额的第二小值，计算结果如图 13-17 所示。

图 13-17 消费金额的第二小值

13.4 计算众数、频率和中值

13.4.1 计算消费金额的众数

MODE.SNGL 函数可以返回某一数组或数据区域中的众数，其使用格式如下。

```
MODE.SNGL(number1, number2, ...)
```

MODE.SNGL 函数的常用参数及其解释如表 13-9 所示。

表 13-9　MODE.SNGL 函数的常用参数及其解释

参　　数	参数解释
number1	必需。表示要计算其众数的第 1 个参数。可以是数字、包含数字的名称、数组和单元格引用
number2, …	可选。表示要计算其众数的第 2~255 个参数，即可以像参数 number1 那样最多指定 255 个参数

在【8 月订单信息】工作表中使用 MODE.SNGL 函数计算消费金额的众数，具体操作步骤如下。

1．输入公式

选择单元格 H9，输入 "=MODE.SNGL(D:D)"，如图 13-18 所示。

	A	B	C	D	E	F	G	H	I	J	K
	SUM			× ✓ fx	=MODE.SNGL(D:D)						
1	订单号	会员名	店铺名	消费金额	日期		8月订单数：	941		消费金额区间	订单数
2	2016080010417	苗宇怡	私房小站（盐田分店）	165	2016/8/1		8月1日订单数：	22		300	
3	2016080010301	李靖	私房小站（罗湖分店）	321	2016/8/1		8月平均每个订单的消费金额	491.7035		600	
4	2016080010413	卓永梅	私房小站（盐田分店）	854	2016/8/1		盐田分店8月平均每个订单的消费金额：	507.1111		1000	
5	2016080010415	张大鹏	私房小站（罗湖分店）	466	2016/8/1		消费金额最大值：	1314			
6	2016080010392	李小东	私房小站（番禺分店）	704	2016/8/1		消费金额第二大值：	1282			
7	2016080010381	沈晓雯	私房小站（天河分店）	239	2016/8/1		消费金额最小值：	48			
8	2016080010429	苗泽坤	私房小站（福田分店）	699	2016/8/1		消费金额第二小值：	76			
9	2016080010433	李达明	私房小站（番禺分店）	511	2016/8/1		消费金额的众数：	=MODE.SNGL(D:D)			
10	2016080010569	蓝娜	私房小站（盐田分店）	326	2016/8/1		消费金额的中值：				
11	2016080010655	沈丹丹	私房小站（顺德分店）	263	2016/8/1						
12	2016080010577	冷亮	私房小站（天河分店）	380	2016/8/1						
13	2016080010622	徐骏太	私房小站（天河分店）	164	2016/8/1						

图 13-18　输入 "=MODE.SNGL(D:D)"

2. 确定公式

按下【Enter】键，即可使用 MODE.SNGL 函数计算消费金额的众数，计算结果如图 13-19 所示。

图 13-19　消费金额的众数

13.4.2　计算消费金额在给定区域出现的频率

FREQUENCY 函数可以计算数值在某个区域内出现的频率，然后返回一个垂直数组。由于 FREQUENCY 返回的是一个数组，所以它必须以数组公式[6]的形式输入。FREQUENCY 函数的使用格式如下。

```
FREQUENCY(data_array, bins_array)
```

FREQUENCY 函数的常用参数及其解释如表 13-10 所示。

表 13-10　FREQUENCY 函数的常用参数及其解释

参　　数	参数解释
data_array	必需。表示要对其频率进行计数的一组数值或对这组数值的引用。若参数 data_array 中不包含任何数值，则函数 FREQUENCY 返回一个零数组
bins_array	必需。表示要将参数 data_array 中的值插入到的间隔数组或对间隔的引用。若参数 bins_array 中不包含任何数值，则函数 FREQUENCY 返回 data_array 中的元素个数

通过数组公式的方式，在【8 月订单信息】工作表中使用 FREQUENCY 函数计算消费金额在给定区域（单元格区域 J2:J4）出现的频率，具体操作步骤如下。

1. 选择单元格区域并使之进入编辑状态

选择单元格区域 K2:K5，按下【F2】键，使单元格进入编辑状态。

2. 输入公式

输入 "=FREQUENCY(D:D,J2:J4)"，如图 13-20 所示。

图 13-20　输入 "=FREQUENCY(D:D,J2:J4)"

3. 确定公式

按下【Ctrl+Shift+Enter】键,即可使用 MODE.SNGL 函数计算消费金额在给定区域出现的频率,计算结果如图 13-21 所示。

图 13-21 消费金额在给定区域出现的频率

13.4.3 计算消费金额的中值

MEDIAN 函数可以返回一组已知数字的中值(如果参数集合中包含偶数个数字,则 MEDIAN 函数将返回位于中间的两个数的平均值)。MEDIAN 函数的使用格式如下。

```
MEDIAN(number1, number2, ...)
```

MEDIAN 函数的常用参数及其解释如表 13-11 所示。

表 13-11 MEDIAN 函数的常用参数及其解释

参　　数	参数解释
number1	必需。表示要计算中值的第 1 个数值集合。可以是数字、包含数字的名称、数组或引用
number2, ...	可选。表示要计算中值的第 2~255 个数值集合,即可以像参数 number1 那样指定 255 个参数

在【8 月订单信息】工作表中使用 MEDIAN 函数计算消费金额的中值,具体操作步骤如下。

1. 输入公式

选择单元格 H10,输入"=MEDIAN(D:D)",如图 13-22 所示。

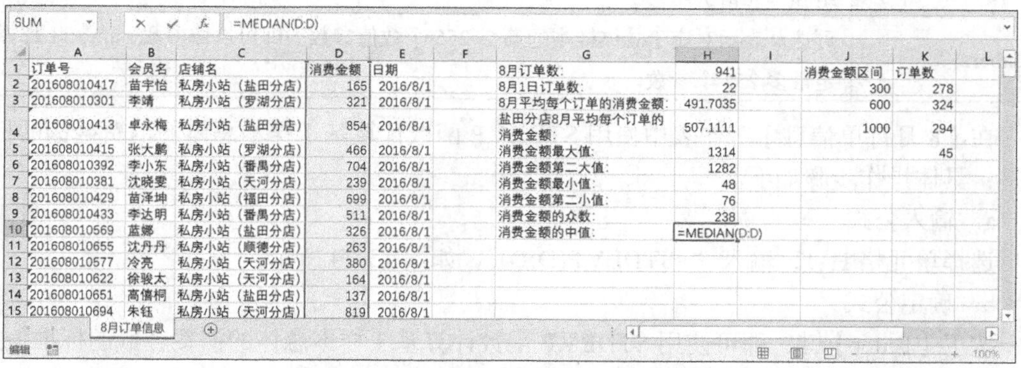

图 13-22 输入"=MEDIAN(D:D)"

2．确定公式

按下【Enter】键，即可使用 MEDIAN 函数计算消费金额的中值，计算结果如图 13-23 所示。

	A	B	C	D	E	F	G	H	I	J	K	L
1	订单号	会员名	店铺名	消费金额	日期		8月订单数：	941		消费金额区间	订单数	
2	201608010417	苗宇怡	私房小站（盐田分店）	165	2016/8/1		8月1日订单数：	22		300	278	
3	201608010301	李靖	私房小站（罗湖分店）	321	2016/8/1		8月平均每个订单的消费金额：	491.7035		600	324	
4	201608010413	卓永梅	私房小站（盐田分店）	854	2016/8/1		盐田分店8月平均每个订单的消费金额：	507.1111		1000	294	
5	201608010415	张大鹏	私房小站（罗湖分店）	466	2016/8/1		消费金额最大值：	1314			45	
6	201608010392	李小东	私房小站（番禺分店）	704	2016/8/1		消费金额第二大值：	1282				
7	201608010381	沈晓雯	私房小站（天河分店）	239	2016/8/1		消费金额最小值：	48				
8	201608010429	苗泽坤	私房小站（福田分店）	699	2016/8/1		消费金额第二小值：	76				
9	201608010433	李达明	私房小站（番禺分店）	511	2016/8/1		消费金额的众数：	238				
10	201608010569	蓝娜	私房小站（盐田分店）	326	2016/8/1		消费金额的中值：	451				
11	201608010655	沈丹丹	私房小站（顺德分店）	263	2016/8/1							
12	201608010577	冷亮	私房小站（天河分店）	380	2016/8/1							
13	201608010622	徐骏太	私房小站（天河分店）	164	2016/8/1							
14	201608010651	高僖桐	私房小站（盐田分店）	137	2016/8/1							
15	201608010694	朱钰	私房小站（天河分店）	819	2016/8/1							

8月订单信息

图 13-23　消费金额的中值

13.5　技能拓展

1．计算标准偏差和方差

（1）计算总体的标准偏差和方差

除了 13.1 节～13.4 节介绍到的统计测量[7]外，标准偏差和方差也是统计分析的重要测量。标准偏差[8]和方差[9]的计算方式都分为两种，一种是直接计算整个样本总体的标准偏差和方差，另一种是基于样本估算总体的标准偏差和方差。

① 计算整个样本总体的标准偏差

STDEV.P 函数可以计算基于以参数形式给出的整个样本总体的标准偏差，其使用格式如下。

```
STDEV.P(number1, number2, ...)
```

STDEV.P 函数的常用参数及其解释如表 13-12 所示。

表 13-12　STDEV.P 函数的常用参数及其解释

参　　数	参数解释
number1	必需。表示对应于总体样本的第 1 个数值参数。可以是数字、包含数字的名称、数组和单元格引用
number2, ...	可选。表示对应于总体样本的第 2~255 个数值参数，即可以像参数 number1 那样指定最多 255 个参数

在【8 月订单信息】工作表中使用 STDEV.P 函数计算基于样本总体的消费金额的标准偏差，具体操作步骤如下。

a．输入公式

选择单元格 H11，输入 "=STDEV.P(D:D)"，如图 13-24 所示。

b．确定公式

按下【Enter】键，即可使用 STDEV.P 函数计算基于样本总体的消费金额的标准偏差，计算结果如图 13-25 所示。

图 13-24 输入 "=STDEV.P(D:D)"

图 13-25 基于样本总体的消费金额的标准偏差

② 计算整个样本总体的方差

VAR.P 函数可以计算基于整个样本总体的方差，其使用格式如下。

```
VAR.P(number1, number2, ...)
```

VAR.P 函数的常用参数及其解释如表 13-13 所示。

表 13-13 VAR.P 函数的常用参数及其解释

参 数	参数解释
number1	必需。表示对应于总体样本的第 1 个数值参数。可以是数字、包含数字的名称、数组和单元格引用
number2,...	可选。表示对应于总体样本的第 2~255 个数值参数，即可以像参数 number1 那样指定最多 255 个参数

在【8 月订单信息】工作表中使用 VAR.P 函数计算基于样本总体的消费金额的方差，具体操作步骤如下。

a. 输入公式

选择单元格 H12，输入 "=VAR.P(D:D)"，如图 13-26 所示。

b. 确定公式

按下【Enter】键，即可使用 STDEV.P 函数计算基于样本总体的消费金额的方差，计算结果如图 13-27 所示。

图 13-26 输入 "=VAR.P(D:D)"

图 13-27 基于样本总体的消费金额的方差

（2）估算总体的标准偏差和方差

① 基于样本估算总体的标准偏差

STDEV.S 函数可以基于样本估算总体的标准偏差，其使用格式如下。

```
STDEV.S(number1, number2, ...)
```

STDEV.S 函数的常用参数及其解释如表 13-14 所示。

表 13-14 STDEV.S 函数的常用参数及其解释

参　　数	参数解释
number1	必需。表示对应于总体样本的第 1 个数值参数。可以是数字、包含数字的名称、数组和单元格引用
number2,...	可选。表示对应于总体样本的第 2~255 个数值参数，即可以像参数 number1 那样指定最多 255 个参数

在【8 月订单信息】工作表的工作簿中增加一个【订单信息样本】工作表，其中包含随机选取的 50 条【8 月订单信息】工作表的订单信息。

在【8 月订单信息】工作表中使用 STDEV.S 函数估算消费金额的标准偏差，其基于的样本为【订单信息样本】工作表中的订单信息，具体操作步骤如下。

a. 输入公式

选择单元格 H13，输入 "=STDEV.S('8 月订单信息'!D:D)"，如图 13-28 所示。

图 13-28 输入 "=STDEV.S('8 月订单信息'!D:D)"

b. 确定公式

按下【Enter】键，即可使用 STDEV.S 函数估算消费金额的标准偏差，估算结果如图 13-29 所示。

图 13-29 估算消费金额的标准偏差

② 基于样本估算总体的方差

VAR.S 函数可以基于样本估算总体的方差，其使用格式如下。

```
VAR.S(number1, number2, ...)
```

VAR.S 函数的常用参数及其解释如表 13-15 所示。

表 13-15 VAR.S 函数的常用参数及其解释

参　　数	参数解释
number1	必需。表示对应于总体样本的第 1 个数值参数。可以是数字、包含数字的名称、数组和单元格引用
number2, ...	可选。表示对应于总体样本的第 2 ~ 255 个数值参数，即可以像参数 number1 那样指定最多 255 个参数

在【8 月订单信息】工作表中使用 VAR.S 函数估算消费金额的方差，其基于的样本为【订单信息样本】工作表中的订单信息，具体操作步骤如下。

a. 输入公式

选择单元格 H14，输入 "=VAR.S('8 月订单信息'!D:D)"，如图 13-30 所示。

图 13-30　输入"=VAR.S('8 月订单信息'!D:D)"

b. 确定公式

按下【Enter】键，即可使用 VAR.S 函数估算消费金额的方差，估算结果如图 13-31 所示。

图 13-31 估算消费金额的方差

2. 使用数组公式

若希望使用公式进行多重计算并返回一个或多个计算结果，则需要通过数组公式来实现。

（1）使用单一单元格数组公式

与输入公式不同的是，数组公式可以输入数组常量或数组区域作为数组参数，而且必须按下【Ctrl+Shift+Enter】组合键来输入数组公式，此时 Excel 会自动在花括号{}中插入该公式。

在【9 月 1 日订单详情】工作表中使用单一单元格数组公式计算 9 月 1 日的营业额，具体操作步骤如下。

① 输入公式

选择单元格区域 H4，输入"=SUM(C4:C29*D4:D29)"，如图 13-32 所示。

② 确定公式

按下【Ctrl+Shift+Enter】组合键，即可使用单一单元格数组公式计算 9 月 1 日的营业额，计算结果如图 13-33 所示。

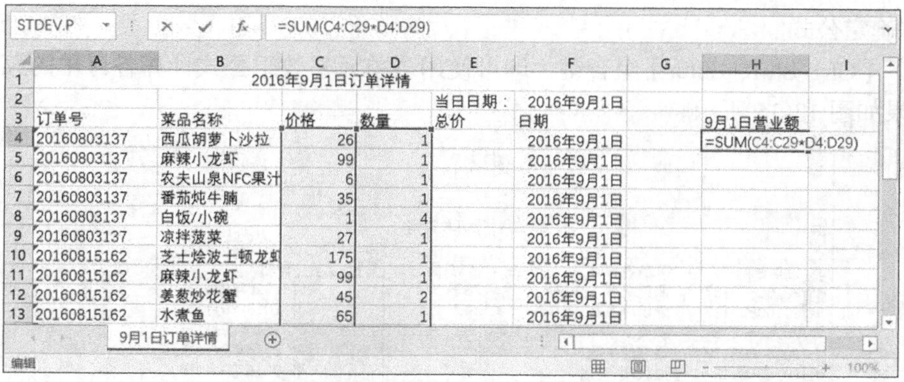

图 13-32　输入 "=SUM(C4:C29*D4:D29)"

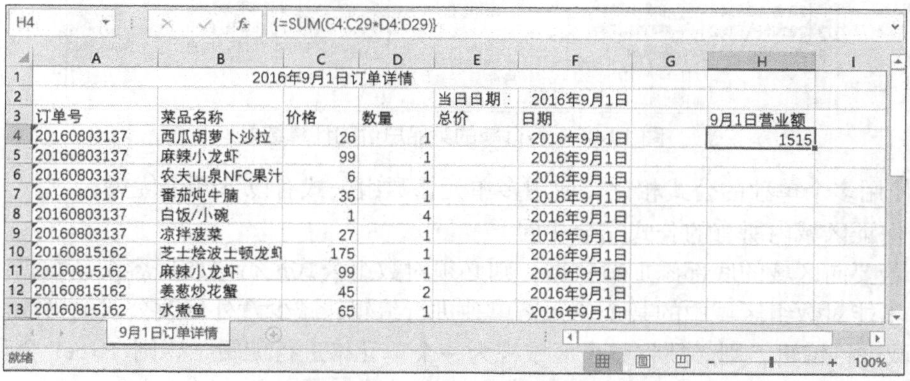

图 13-33　9 月 1 日的营业额的计算结果

使用单一单元格数组公式可以不用计算出各订单的菜品总价，就能直接计算出该餐饮店 2016 年 9 月 1 日的营业额，这是数组公式的主要作用。

（2）使用多单元格数组公式

在【9 月 1 日订单详情】工作表中使用多单元格数组公式计算各订单的菜品总价，具体操作步骤如下。

① 输入公式

选择单元格区域 E4:E29，输入 "=C4:C29*D4:D29"，如图 13-34 所示。

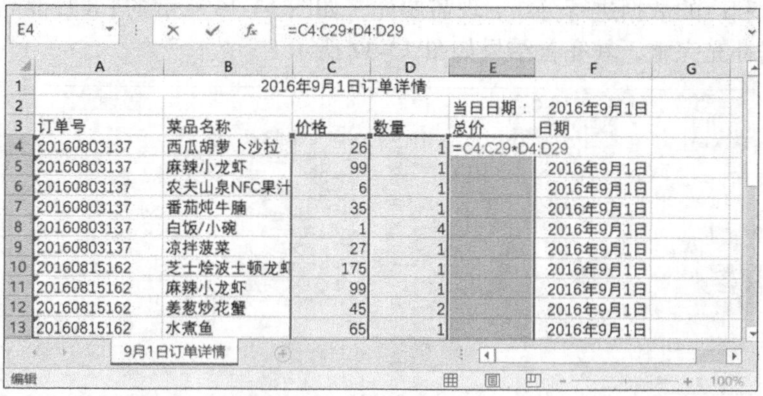

图 13-34　输入 "=C4:C29*D4:D29"

② 确定公式

按下【Ctrl+Shift+Enter】组合键，即可使用多单元格数组公式计算各订单的菜品总价，计算结果如图 13-35 所示。

图 13-35　各订单的菜品总价的计算结果

与使用多个单独的公式相比，使用多单元格数组公式有以下几个优势。

● 保证区域内所有的公式完全相同。

● 若要向区域的底部添加新数据，则必须对数组公式进行修改以容纳新数据。

● 不能对数组区域中的某个单元格单独进行编辑，减少意外修改公式的可能。若要对数组区域进行编辑，则必须将整个区域视为一个单元格进行编辑，否则 Excel 会弹出显示错误信息的对话框。

若要编辑数组公式，可以选择数组区域中的所有单元格，单击编辑栏或按 F2 激活编辑栏，编辑新的数组公式，完成后按下【Ctrl+Shift+Enter】组合键，即可输入更改内容。若要删除数组公式，则在编辑新的数组公式时按下【Backspace】键把公式删除，再按下【Ctrl+Shift+Enter】组合键即可。

13.6　技能训练

1. 训练目的

为了对便利店的数据进行分析，现需要先将如图 13-36 所示的【8 月商品销售数据】工作表中的数据补充完整，其完善结果如图 13-37 所示。

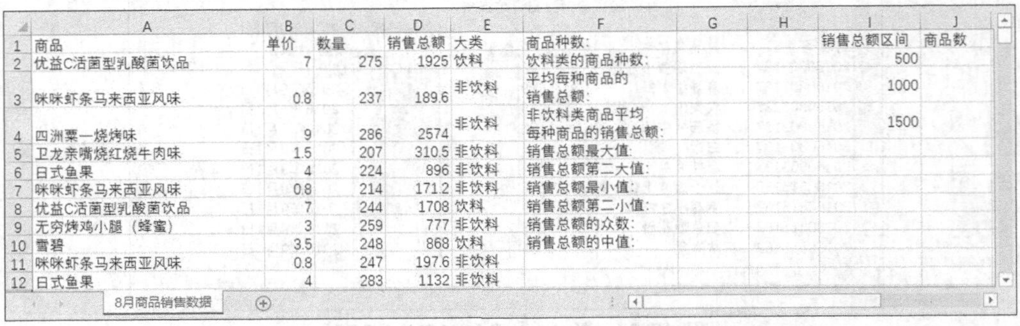

图 13-36　不完善的【8 月商品销售数据】

	A	B	C	D	E	F	G	H	I	J
1	商品	单价	数量	销售总额	大类	商品种数:	993		销售总额区间	商品数
2	优益C活菌型乳酸菌饮品	7	275	1925	饮料	饮料类的商品种数:	437		500	150
3	咪咪虾条马来西亚风味	0.8	237	189.6	非饮料	平均每种商品的销售总额:	1177.895		1000	355
4	四洲栗一烧烤味	9	286	2574	非饮料	非饮料类商品平均每种商品的销售总额:	996.8901		1500	259
5	卫龙亲嘴烧红烧牛肉味	1.5	207	310.5	非饮料	销售总额最大值:	15120			229
6	日式鱼果	4	224	896	非饮料	销售总额第二大值:	8031.1			
7	咪咪虾条马来西亚风味	0.8	214	171.2	非饮料	销售总额最小值:	160.8			
8	优益C活菌型乳酸菌饮品	7	244	1708	饮料	销售总额第二小值:	163.2			
9	无穷烤鸡小腿（蜂蜜）	3	259	777	非饮料	销售总额的众数:	1036			
10	雪碧	3.5	248	868	饮料	销售总额的中值:	985.5			
11	咪咪虾条马来西亚风味	0.8	247	197.6	非饮料					
12	日式鱼果	4	283	1132	非饮料					

8月商品销售数据 ⊕

图 13-37 完善的【8 月商品销售数据】

2. 训练要求

（1）使用 COUNT 函数统计商品种数。

（2）使用 COUNTIF 函数统计饮料类的商品种数。

（3）使用 AVERAGE 函数计算平均每种商品的销售总额。

（4）使用 AVERAGEIF 函数计算非饮料类商品平均每种商品的销售总额。

（5）使用 MAX 函数计算销售总额的最大值。

（6）使用 LARGE 函数计算销售总额的第二大值。

（7）使用 MIN 函数计算销售总额的最小值。

（8）使用 SMALL 函数计算销售总额的第二小值。

（9）使用 MODE.SNGL 函数计算销售总额的众数。

（10）使用 FREQUENCY 函数计算销售总额在给定区域（【8 月商品销售数据】工作表的单元格区域 I2:I4）出现的频率。

（11）使用 MEDIAN 函数计算销售总额的中值。

项目 14 使用宏生成工资条

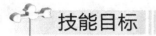

技能目标

能创建并使用宏。

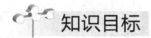

知识目标

（1）了解宏。
（2）掌握创建和使用宏的方法。

项目背景

坚持以人民为中心的发展思想。维护人民根本利益，增进民生福祉。临近私房小站盐田分店给旗下员工发工资的日子，私房小站盐田分店的财务需要尽快在【员工工资信息表】工作表中制作出每位员工的工资条，以便在发工资当天给员工签名确认。

项目目标

在私房小站盐田分店的员工工资信息表中，使用宏生成每位员工的工资条，得到的效果如图 14-1 所示。

A10	▼	：	×	✓	*fx*	店铺名			
	A		B	C	D	E	F	G	H	I
1	店铺名		姓名	基本工资	加班工资	应扣总计	实发工资			
2	私房小站（盐田分店）		黄哲	2400	420	100	2720			
3										
4	店铺名		姓名	基本工资	加班工资	应扣总计	实发工资			
5	私房小站（盐田分店）		宁慧凡	2400	420	140	2680			
6										
7	店铺名		姓名	基本工资	加班工资	应扣总计	实发工资			
8	私房小站（盐田分店）		赵斌民	2400	420	150	2670			
9										
10	店铺名		姓名	基本工资	加班工资	应扣总计	实发工资			
11	私房小站（盐田分店）		习有汐	2400	420	45	2775			

图 14-1 私房小站（盐田分店）部分员工的工资条

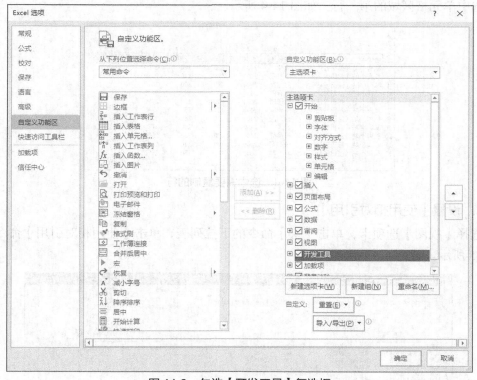

项目分析

（1）创建一个生成工资条的宏。

（2）使用宏生成私房小站盐田分店每位员工的工资条。

14.1 显示【开发工具】选项卡

创建宏可以在【视图】选项卡或【开发工具】选项卡中单击【宏】命令，但是【开发工具】选项卡默认不显示，需要在 Excel 功能区中进行设置，具体操作步骤如下。

1. 打开【Excel 选项】对话框

打开一个空白工作簿，单击【文件】选项卡，选择【选项】命令，弹出【Excel 选项】对话框。

2. 勾选【开发工具】复选框

在【Excel 选项】对话框中选择【自定义功能区】选项，在【主选项卡】下拉列表中勾选【开发工具】复选框，如图 14-2 所示。

图 14-2 勾选【开发工具】复选框

3. 确定设置

单击【确定】按钮，即可在功能区中显示【开发工具】选项卡，如图 14-3 所示。

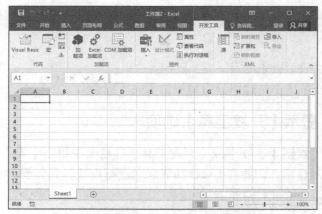

图 14-3 【开发工具】选项卡

14.2 生成员工的工资条

在【盐田分店员工工资】工作表中生成员工的工资条，具体的操作步骤如下。

1. 选中需要复制的行

选中单元格区域的第一行，如图 14-4 所示。

A	B	C	D	E	F	G
店铺名	姓名	基本工资	加班工资	应扣总计	实发工资	
私房小站（盐田分店）	黄哲	2400	420	100	2720	
私房小站（盐田分店）	宁慧凡	2400	420	140	2680	
私房小站（盐田分店）	赵斌民	2400	420	150	2670	
私房小站（盐田分店）	习有汐	2400	420	45	2775	
私房小站（盐田分店）	俞子昕	2400	420	100	2720	
私房小站（盐田分店）	牛长熙	2400	420	75	2745	
私房小站（盐田分店）	刑兴国	2400	420	35	2785	
私房小站（盐田分店）	曾天	2400	420	100	2720	
私房小站（盐田分店）	孙晨喆	2400	420	250	2570	
私房小站（盐田分店）	朱亦可	2400	420	140	2680	
私房小站（盐田分店）	卓亚萍	2400	420	150	2670	

图 14-4 选中需要复制的行

2. 设置【使用相对引用】

选择【视图】选项卡，单击【宏】命令的下拉列表，单击【使用相对引用】命令，如图 14-5 所示。

图 14-5 单击【使用相对引用】命令

3. 开始录制宏

在【视图】选项卡的【宏】命令组中，依次单击【宏】和【录制宏】命令，如图 14-6 所示，可弹出【录制宏】对话框。

图 14-6　开始录制宏

4. 命名宏和设置该宏的快捷键

在【录制宏】对话框的【宏名】文本框中输入"工资条"，在【快捷键】文本框中按下【Shift+M】组合键，如图 14-7 所示，单击【确定】按钮。

5. 复制第一行表头

右键单击选中的第一行，在下拉快捷菜单中选择【复制】命令。

6. 插入复制内容

右键单击第 3 行，在下拉快捷菜单中选择【插入复制的单元格】命令，如图 14-8 所示。在粘贴的表头上方插入一行空白值，如图 14-9 所示。

图 14-7　完善【录制宏】对话框

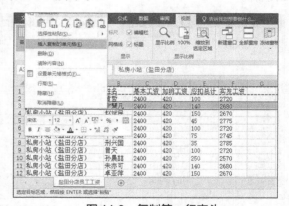

图 14-8　复制第一行表头

7. 返回宏的开始位置

选中单元格区域的第 4 行，选中的原因是告诉 Excel 执行宏的开始位置，与步骤 1 中选中第一行同理，如图 14-10 所示。

图 14-9　插入空白值

图 14-10　选择第 4 行

8. 停止录制宏

在【视图】选项卡的【宏】命令组中，单击【停止录制】命令，如图 14-11 所示，即可完成录制。

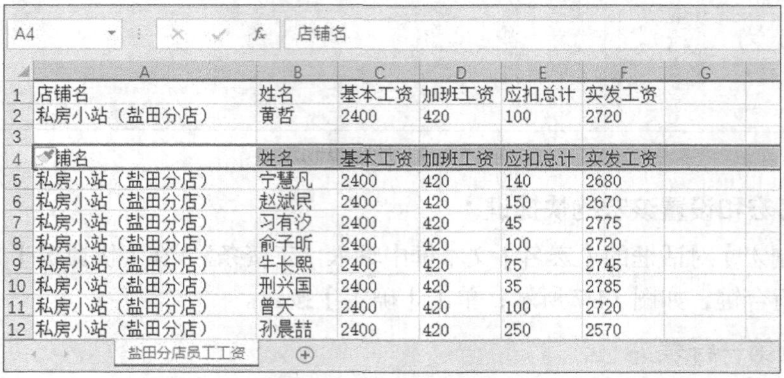

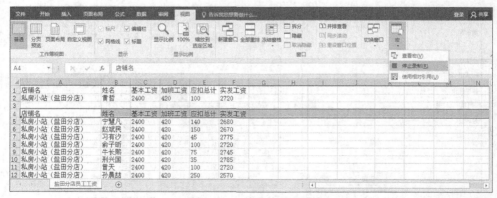

图 14-11　停止宏的录制

9. 执行新录制的宏

同时按下【Ctrl+Shift+M】组合键，就可以重复上面的步骤，进行工资条的制作，操作结果如图 14-12 所示。

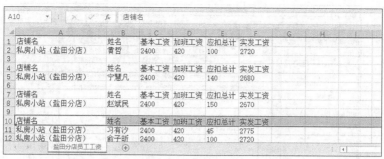

图 14-12 操作结果

14.3 技能拓展

由 14.2 节可以看出，宏是一系列 Excel 的命令，实际上宏是由一系列 VBA 语句构成的，也就是说宏本身就是一种 VBA 应用程序。在使用上，宏是录制出来的程序，VBA 是需要人手动编译的程序，但有些程序宏是不能录制出来的，而 VBA 则没有此类限制。

1. 认识 VBA 编程环境

在 14.2 节创建宏后，可以通过查看宏打开 VBA 编辑器，具体操作步骤如下。

（1）打开【宏】对话框。在 14.2 节创建宏后，在【视图】选项卡的【宏】命令组中，依次单击【宏】和【查看宏】命令，如图 14-13 所示，可弹出【宏】对话框。

（2）打开 VBA 编辑器。在【宏】对话框中，选中【工资条】这个宏，单击【编辑】命令，如图 14-14 所示，弹出的 VBA 编辑器如图 14-15 所示。

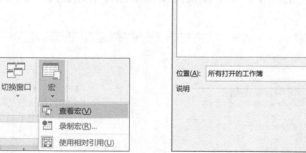

图 14-13 【查看宏】命令　　　　图 14-14 【宏】对话框

如图 14-15 所示，VBA 编辑器主要由菜单栏、工具栏、工程资源管理器和代码窗口组成，其各组成部分的介绍如下。

（1）菜单栏包含了 VBA 组件的各种命令。

（2）工具栏显示各种快捷操作的工具。

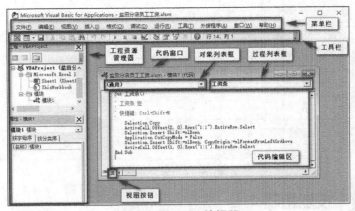

图 14-15　VBA 编辑器

（3）在工程资源管理器中可以看到所有打开的工作簿和已经加载的加载宏。其最多显示 4 类对象，即 Excel 对象（包括 WorkBook 对象和 WorkSheet 对象）、窗体对象、模块对象和类模块对象。

（4）代码窗口由对象列表框、过程列表框、代码编辑区和视图按钮组成。代码窗口是编辑和显示 VBA 代码的地方，如果要把 VBA 程序写到某个对象里，一般需要先在工程资源管理器中双击对象激活它的代码窗口，或者在【插入】选项卡中新建一个模块。

在 Excel 中打开 VBA 编辑器还有以下几种方法。

（1）在【开发工具】选项卡的【代码】命令组中，单击【Visual Basic】命令，如图 14-16所示。

图 14-16　【Visual Basic】命令

（2）右键单击工作表上的标签，在下拉快捷菜单中选择【查看代码】命令，如图 14-17所示。

图 14-17　选择【查看代码】命令

（3）按【Alt+F11】组合键。

2．认识 VBA 的语言结构

（1）标识符

① 定义

标识符是一种由标识变量、常量、过程、函数、类等语言构成单位的符号，利用它可以完成对变量、常量过程等的引用。

② 命名方式

a. 字母开头，由字母、数字和下划线组成。

b. 不能包含空格、感叹号、句号、@、#、&、$。

c. 字符长度不能超过 255 个字符。

d. 不能与 VB 保留字重名，如 public、private、dim 等。

（2）注释语句

为 VBA 添加注释可以使代码更具可读性，注释语句有以下两种方法。

① 注释符号：英文状态下的单引号 "'"，可以位于别的语句之尾，也可单独一行，其使用格式如下。

```
Dim 变量 As 数据类型     '定义为局部变量
```

② Rem 语句：只能单独一行，其使用格式如下。

```
Dim 变量 As 数据类型
Rem 定义为局部变量
```

上面两种注释语句的方法都会使 VBA 忽略符号后面的内容，这些内容只是对代码段的注释。

（3）数据类型

在 VBA 中，数据被分成了不同的类型，VBA 的基本数据类型如表 14-1 所示。

表 14-1　VBA 的基本数据类型

数据类型		类型标识符	字　节	用法举例
英　文	中　文			
String	字符串型	$	字符长度（0-65400）	Dim x As String
Byte	字节型	无	1	Dim x As Byte
Boolean	布尔型	无	2	Dim x As Boolean
Integer	整数型	%	2	Dim x As Integer
Long	长整数型	&	4	Dim x As Long
Single	单精度型	!	4	Dim x As Single
Double	双精度型	#	8	Dim x As Double
Date	日期型	无	8	Dim x As Date
Currency	货币型	@	8	Dim x As Currency
Decimal	小数点型	无	14	Dim x As Decimal
Variant	变体型	无	可变的以上任意类型	Dim x As Variant
Object	对象型	无	4	Dim x As Object

类型标识符为数据类型的简写，例如，"Dim i As Integer" 可简写为 "Dim i%"。

（4）变量和常量

变量是指在程序执行过程中可以发生改变的值，主要表示内存中的某一个存储单元的值。声明变量的基本语法如下。

```
Dim 变量 As 数据类型        '定义为局部变量
Private 变量 As 数据类型    '定义为私有变量
Public 变量 As 数据类型     '定义为公有变量
Global 变量 As 数据类型     '定义为全局变量
Static 变量 As 数据类型     '定义为静态变量
```

常量是变量的一种特例，是指在程序执行过程中不发生改变的量，其在 VBA 中有 3 种类型：直接常量、符号常量和系统常量。

（5）运算符

运算符是指某种运算的操作符号，如赋值运算符 "="。在 VBA 中常用的运算符主要有算术运算符、比较运算符、连接运算符和逻辑运算符。

算术运算符、比较运算符、逻辑运算符如表 14-2 所示。

表 14-2　算术运算符、比较运算符、逻辑运算符

算术运算符		比较运算符		逻辑运算符	
运算符	名　称	运算符	名　称	运算符	名　称
+	加法	=	等于	And	逻辑与
-	减法	>	大于	Or	逻辑或
*	乘法	<	小于	Not	逻辑非
/	除法	<>	不等于	Xor	逻辑异或
\	整除	>=	大于等于	Eqv	逻辑等价
^	指数	<=	小于等于	Imp	逻辑蕴含
Mod	求余	Is	对象比较		
		Like	字符串比较		

VBA 中常用的运算符还有连接运算符，其作用是连接两个字符串，其形式只有以下两种。

①　"&" 运算符可将两个其他类型的数据转化为字符串数据，不管这两个数据是什么类型的。

②　"+" 运算符连接两个数据时，当两个数据都是数值的时候，执行加法运算；当两个数据都是字符串时，执行连接运算。

（6）对象和集

VBA 是一种面向对象的语言，对象代表应用程序中的元素，如工作表、单元格、窗体等。Excel 应用程序提供的对象按照层次关系排列在一起成为对象模型。

集是由同类的对象组成的，而且集合本身也是一个对象。

（7）属性

属性用来描述对象的特性。例如，Range 对象的属性 Column、Row、Width 和 Value。通过 VBA 代码可以实现以下功能。

①　检查对象当前的属性设置，并基于此设置执行一些操作。

②　更改对象的属性设置。

（8）方法

方法即是在对象上执行的操作。例如，Range 对象有 Clear 方法，可以执行"Range("A1:B11").Clear" 语句清除单元格区域 A1:B11 的内容。

（9）过程

过程是构成程序的模块，所有可执行的代码必须包含在某个过程中，任何过程都不可以嵌套在其他过程中。VBA 具有 3 种过程：Sub 过程、Function 函数（过程）和 Property 过程。

Sub 过程可执行指定的操作，但不返回运行结果，其以 Sub 开头并以 End Sub 结束。

Function 函数（过程）可执行指定的操作，并返回代码的运行结果，其以 Function 开头并以 End Function 结束。Function 函数可以被其他过程调用，也可以在工作表的公式中使用。

Property 过程用于设定和获取自定义对象属性的值，或者设置对另一个对象的引用。

（10）基本语句结构

① If…Then…Else 结构

If…Then…Else 结构在程序中可计算条件值，并根据条件值决定下一步的执行操作，其基本语法如下。

```
If 条件表达式 Then
执行语句 1
Else
执行语句 2
End if
```

当条件表达式的结果为 Ture 时，执行操作 1；当条件表达式的结果为 False 时，执行操作 2。

If…Then…Else 结构的 Else 可以省略，变为 If…Then 结构，此时如果条件表达式的结果为 False，则不执行任何操作。

当需要判断的不同条件产生不同的结果时，If…Then…Else 结构可变为以下结构。

```
If 条件表达式 1 Then
执行语句 1
Elseif 条件表达式 2
执行语句 2
Elseif 条件表达式 3
执行语句 3
…
End if
```

②Select Case 结构

Select Case 结构与 If…Then…Else 结构相似，但使用 Select Case 结构可以提高程序的可读性，其基本语法如下。

```
Select Case 测试表达式
Case 表达式 1
执行语句 1
Case 表达式 2
执行语句 2
```

```
…
End Select
```

③For…Next 结构

For…Next 结构用于指定次数来重复执行一组语句，其基本语法如下。

```
For 循环变量=初始值 To 终止值 [Step 步长]
执行语句
Next[循环变量]
```

其中，括号"[]"里的值可以省略，如果没有指定步长，那么默认步长为1。

④Do…loop 结构

Do…loop 结构用于不断重复某种操作语句直到满足条件后终止，其基本语法如下。

```
Do
循环体
loop
```

使用 Do…loop 结构需要在循环体的其中一个条件语句后加入"Exit Do"语句跳出 Do…loop 循环，进而执行 loop 后面的语句。

⑤With…End With 结构

With…End With 结构用来针对某个指定对象执行一系列语句，在其结构中，以"."开头的语句相当于引用了 With 语句指定的对象，但不能使用 With 语句来设置多个不同的对象。

3. 执行 Sub 过程

某餐饮店通过会员的消费来评定会员星级，消费 400 元以下评定为一星级，消费 400 元评定为二星级，以后每增加 200 元提高一个星级，最高为五星级。

在【会员星级评定】工作表中，通过编写 Sub 过程判断会员的星级，具体操作步骤如下。

（1）打开 VBA 编辑器

按【Alt+F11】组合键打开 VBA 编辑器。

（2）新建模块

单击【插入】选项卡，选择【模块】命令，如图 14-18 所示。

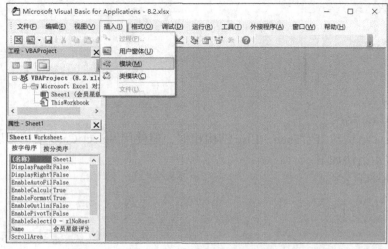

图 14-18　选择【模块】命令

在【代码窗体】中弹出【会员星级评定.xlsx-模块 1（代码）】窗体，如图 14-19 所示。

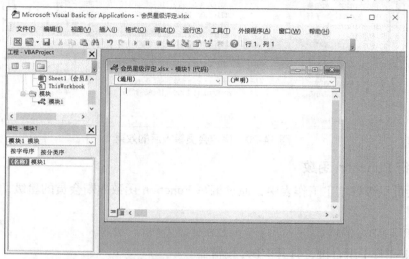

图 14-19 【会员星级评定.xlsx-模块 1（代码）】窗体

（3）输入代码

在【会员星级评定.xlsx-模块 1（代码）】窗体中输入以下代码。

```
Sub pingding()
Dim a%
a = 1
Do
a = a + 1
If a > 11 Then
Exit Do
ElseIf Cells(a, 7) >= 1000 Then
Cells(a, 8) = "五星级"
ElseIf Cells(a, 7) >= 800 Then
Cells(a, 8) = "四星级"
ElseIf Cells(a, 7) >= 600 Then
Cells(a, 8) = "三星级"
ElseIf Cells(a, 7) >= 400 Then
Cells(a, 8) = "二星级"
Else
Cells(a, 8) = "一星级"
End If
Loop
End Sub
```

（4）运行过程

按【F5】键，即可评定会员星级，切换回到 Excel 的工作簿可查看效果，如图 14-20 所示。

	A	B	C	D	E	F	G	H
1	订单号	会员名	性别	年龄	消费时间	手机号	消费金额	会员星级
2	201608310289	朱倩雪	女	27	2016/10/1 18:19	18688880116	366	一星级
3	201608310336	徐子轩	女	22	2016/10/1 21:01	18688880016	443	二星级
4	201608310395	陈宇	男	21	2016/10/2 11:05	18688880108	294	一星级
5	201608310411	高鸿文	男	47	2016/10/2 21:56	18688880783	867	四星级
6	201608310419	蔡锦诚	男	44	2016/10/6 20:38	18688880732	609	三星级
7	201608310507	夏娴嶠	男	47	2016/10/7 18:24	18688880726	238	一星级
8	201608310533	魏程雪	女	44	2016/10/9 19:48	18688880043	1260	五星级
9	201608310551	周东平	男	27	2016/10/10 11:55	18688880117	1109	五星级
10	201608310570	李孩立	女	29	2016/10/11 11:06	18688880472	302	一星级
11	201608310599	范小菡	女	25	2016/10/11 20:12	18688880666	639	三星级
12								

会员星级评定

图 14-20　评定会员星级后的效果

4．执行 Function 函数

在【会员星级评定】工作表中，通过编写 Function 函数判断会员的星级，具体操作步骤如下。

（1）打开 VBA 编辑器

按【Alt+F11】组合键，打开 VBA 编辑器。

（2）新建模块

单击【插入】选项卡，选择【模块】命令，在【代码窗体】中弹出【会员星级评定.xlsx-模块 1（代码）】窗体。

（3）输入代码

在【会员星级评定.xlsx-模块 1（代码）】窗体中输入以下代码。

```
Function PD()
Dim lv(2 To 11) As Variant
Dim price   '定义price为局部变量，数据类型为可变型
Dim i As Integer
price = Range("G2:G11")
For i = 1 To 10
If price(i, 1) <= 400 Then
lv(i + 1) = "一星级"
ElseIf price(i, 1) > 400 And price(i, 1) <= 600 Then
lv(i + 1) = "二星级"
ElseIf price(i, 1) > 600 And price(i, 1) <= 800 Then
lv(i + 1) = "三星级"
ElseIf price(i, 1) > 800 And price(i, 1) <= 1000 Then
lv(i + 1) = "四星级"
Else
lv(i + 1) = "五星级"
End If
Next
PD = Application.Transpose(lv)
End Function
```

（4）输入自定义 PD 函数

切换回到 Excel 的工作簿，选择单元格区域 H2:H11，输入“=PD()”，如图 14-21 所示。

	A	B	C	D	E	F	G	H
1	订单号	会员名	性别	年龄	消费时间	手机号	消费金额	会员星级
2	201608310289	朱倩雪	女	27	2016/10/1 18:19	18688880116	366	=PD()
3	201608310336	徐子轩	女	22	2016/10/1 21:01	18688880016	443	
4	201608310395	陈宇	男	21	2016/10/2 11:05	18688880108	294	
5	201608310411	高鸿文	男	47	2016/10/2 21:56	18688880783	867	
6	201608310419	蔡锦诚	男	44	2016/10/6 20:38	18688880732	609	
7	201608310507	夏娴嶠	男	47	2016/10/7 18:24	18688880726	238	
8	201608310533	魏程雪	女	44	2016/10/9 19:48	18688880043	1260	
9	201608310551	周东平	男	27	2016/10/10 11:55	18688880117	1109	
10	201608310570	李孩立	女	29	2016/10/11 11:06	18688880472	302	
11	201608310599	范小菡	女	25	2016/10/11 20:12	18688880666	639	

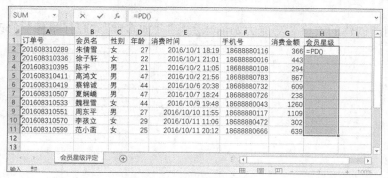

图 14-21 输入“=PD()”

（5）返回函数值

按下【Ctrl+Shift+Enter】键，即可评定会员星级，效果如图 14-22 所示。

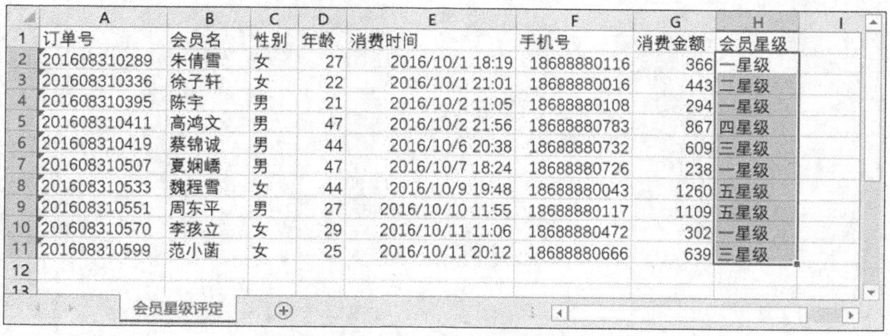

	A	B	C	D	E	F	G	H
1	订单号	会员名	性别	年龄	消费时间	手机号	消费金额	会员星级
2	201608310289	朱倩雪	女	27	2016/10/1 18:19	18688880116	366	一星级
3	201608310336	徐子轩	女	22	2016/10/1 21:01	18688880016	443	二星级
4	201608310395	陈宇	男	21	2016/10/2 11:05	18688880108	294	一星级
5	201608310411	高鸿文	男	47	2016/10/2 21:56	18688880783	867	四星级
6	201608310419	蔡锦诚	男	44	2016/10/6 20:38	18688880732	609	三星级
7	201608310507	夏娴嶠	男	47	2016/10/7 18:24	18688880726	238	一星级
8	201608310533	魏程雪	女	44	2016/10/9 19:48	18688880043	1260	五星级
9	201608310551	周东平	男	27	2016/10/10 11:55	18688880117	1109	五星级
10	201608310570	李孩立	女	29	2016/10/11 11:06	18688880472	302	一星级
11	201608310599	范小菡	女	25	2016/10/11 20:12	18688880666	639	三星级

图 14-22 评定会员星级后的效果

14.4 技能训练

1. 训练目的

在【商品资料】工作表中，创建一个宏将“巧克力奶油味蛋糕”“加多宝”“旺仔牛仔”字体改为加粗倾斜，效果如图 14-23 所示。

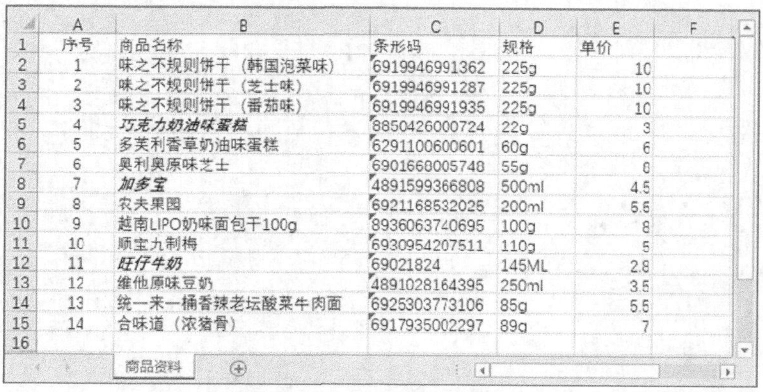

	A	B	C	D	E
1	序号	商品名称	条形码	规格	单价
2	1	味之不规则饼干（韩国泡菜味）	6919946991362	225g	10
3	2	味之不规则饼干（芝士味）	6919946991287	225g	10
4	3	味之不规则饼干（番茄味）	6919946991935	225g	10
5	4	***巧克力奶油味蛋糕***	8850426000724	22g	3
6	5	多芙利香草奶油味蛋糕	6291100600601	60g	6
7	6	奥利奥原味芝士	6901668005748	55g	8
8	7	***加多宝***	4891599366808	500ml	4.5
9	8	农夫果园	6921168532026	200ml	5.5
10	9	越南LIPO奶味面包干100g	8936063740695	100g	8
11	10	顺宝九制梅	6930954207511	110g	5
12	11	***旺仔牛奶***	69021824	145ML	2.8
13	12	维他原味豆奶	4891028164395	250ml	3.5
14	13	统一来一桶香辣老坛酸菜牛肉面	6925303773106	85g	5.5
15	14	合味道（浓猪骨）	6917935002297	89g	7

图 14-23 正确的字体格式

2. 训练要求

（1）在工作表中创建一个新的宏，命名为"修改字体"。新的宏能够将字体修改成加粗倾斜样式。

（2）使用新创建的宏将"巧克力奶油味蛋糕""加多宝""旺仔牛仔"修改成加粗倾斜字体。

附录 专有名词解释

1．项目 2 输入数据

[1]文本数据：文本通常是指一些非数值型的文字，如汉字、英文字母等。此外，不需要进行计算的数字也可以作为文本来处理，如学号、QQ 号码、电话号码和身份证号码等。

[2]数值型数据：除了普通的数字 0～9 以外，还有一些带特殊符号的数字也会被 Excel 理解为数值，如+（正号）、–（负号）、%（百分号）、¥（货币符号）及 E（科学计数符号）等。在 Excel 中，数值是使用最多，也是操作比较复杂的数据类型，如学生的成绩、个人的身高和体重等。

[3]日期和时间数据：日期由年、月、日组成，时间由时、分、秒组成。输入日期和时间的时候，必须在各个组成部分之间插入适当的分隔符。在输入日期时用斜线"/"或短线"-"来分隔日期中的年、月、日部分，在输入时间时用冒号":"来分隔时间中的时、分、秒部分。

2．项目 5 获取网站数据

[1]文本格式：文本格式就是没有任何文本修饰的，没有任何粗体、下划线、斜体、图形、符号、特殊字符及特殊打印格式的文本，其只保存文本数据，不保存其格式设置。

[2]RTF 格式：RTF 格式又称富文本格式，是包含文本和图形的格式。

[3]HTML 格式：HTML 格式又称超文本格式，页面内可以包含图片、链接，甚至音乐、程序等非文字元素。

3．项目 7 对订单数据进行排序

[1]排序：排序可以对一列或多列数据按文本、数据、日期和时间进行升序或降序排列，或者根据自定义序列或格式进行排序。

升序与降序的排序次序相反，升序的默认次序如下。

（1）数字：数字按从最小的负数到最大的正数进行排序。

（2）日期：日期按从最早的日期到最晚的日期进行排序。

（3）文本：文本按首字母在 26 个英文字母中的顺序排序，即 A~Z。

4．项目 9 分类汇总每位会员的消费金额

[1]分类汇总：根据某个要求对数据进行归类后，再对归类后的数据进行汇总操作。这种汇总操作包括对分类后的数据求平均值、求和、求最大值等操作。

5．项目 10 制作数据透视表

[1]数据透视表：数据透视表是一种交互式的表，可以对数据进行快速汇总和建立交叉

列表。数据透视表可以动态地改变版面布置，以便按照不同方式分析数据，每一次改变版面布置时，数据透视表会立即按照新的布置重新计算数据。如果来源的数据发生更改，那么可以更新数据透视表。

6. 项目 13 使用统计函数处理企业的营业数据

[1]平均值：平均值是算术平均数，由一组数相加后，除以这些数的个数计算得出。

[2]众数：众数是一组数中最常出现的数。

[3]频率：频率是每个对象出现的次数与总次数的比值。

[4]中值：中值是一组数中间位置的数，即一半数的值比中值大，另一半数的值比中值小。

[5]算数平均值：用一组数的个数作为除数，去除这一组数的和，所得出的数值就是这组数的算术平均值。

[6]数组公式：数组就是单元的集合或是一组处理的值的集合。数组公式即是写一个以数组为参数的公式，通过这个单一的公式，执行多个输入的操作并产生多个结果，每个结果显示在一个单元中。

[7]统计测量：利用统计方法来定量衡量训练样本之间的分离精度。

[8]标准偏差：标准偏差是方差的算术平方根。标准偏差能反映一个数据集的离散程度。

[9]方差：方差是各个数据与其算术平均值的离差平方和的平均数，是测度数据变异程度的常用指标之一。方差在统计描述和概率分布中各有不同的定义，并有不同的公式。总体方差的计算公式如公式（1）所示。

$$\sigma^2 = \frac{\sum (X - \mu)^2}{N} \tag{1}$$

其中，σ^2 为总体方差，X 为变量，μ 为总体均值，N 为总体例数。

在实际工作中，总体均数难以得到时，应用样本统计量代替总体参数，经校正后，样本方差计算公式如公式（2）所示。

$$S^2 = \frac{\sum (X - \overline{X})^2}{n - 1} \tag{2}$$

其中，S^2 为样本方差，X 为变量，$\overline{X}$ 为样本均值，n 为样本例数。